Comida Comum
Neide Rigo

organização
BIANCA BARBOSA CHIZZOLINI

ilustrações
ANDRÉS SANDOVAL

Apresentação
—7—

plantas sociais
—15—

mesa farta, diversa e colorida
—45—

panc na cidade
—81—

comida comum
—113—

agricultora de frestas
—137—

cozinha circunstancial
—161—

Posfácio
Bianca Barbosa Chizzolini
—187—

Indicações de Leitura
—189—

Dedico ao Marcos, companheiro de vida, que sempre para o carro quando avistamos brotos de bambu na estrada.

APRESENTAÇÃO

No fim das contas, tudo o que a gente busca nesta vida é um pouco de alegria no meio do caos, como comida boa, saúde de corpo e alma, casa que conforte e uma rede de afetos. O resto vem depois, e nada teríamos ou seríamos sem a natureza que nos rodeia. O livro fala um pouco sobre isso a partir de fatos vividos.

Em uma situação ideal, a comida está presente em nossa vida desde o nascimento e nos ocupamos dela em média três vezes ao dia até o fim de nossa jornada. É natural então que, além de nos nutrir, ela tenha grande impacto histórico, econômico, social, cultural, emocional e ambiental.

Não há como deixar de ter uma conexão com a terra, as plantas e o meio ambiente, visto que tudo o que comemos vem ou depende do mundo vegetal. Além disso, comida pressupõe ancestralidade, preparos, técnicas, significados e relações sociais. Natureza e gente são nossos pilares. E é um pouco disso que vou falar adiante, sobre como eu me relaciono com a comida, com as plantas e com as pessoas ao meu redor.

Nasci e cresci na periferia de São Paulo e muito do que aprendi foi, claro, ouvindo e observando minha mãe, meu pai e meus avós. Mas meus vizinhos também compartilhavam sabedorias de suas terras, mesmo sem se darem conta da imensa contribuição para alimentar minha curiosidade e impulsionar uma relação cada vez mais próxima com a comida. Com eles, descobri um Brasil rico em diversidade, em hábitos e sistemas alimentares diferentes daquele de casa. Descobri também que queria saber além daquelas castanhas-de-caju ainda na casca trazidas pela Zefa, do urucum pra fazer colorau da Dona Marina, da pipoca estourada na areia quente da Dona Léia ou da taioba macia da Dona Terezinha.

Outra fonte de aprendizado foi a convivência com meus avós que moravam na roça – campo de pesquisa, estudos e práticas. O contato com as plantações e com o que a terra dava espontaneamente estava pela ordem natural das brincadeiras, mas hoje carrego comigo a experiência com seriedade e respeito. O caldo foi engrossando com o passar dos anos e, apesar de eu ter começado cursos de jornalismo e artes plásticas, me formar em nutrição foi mais ou menos previsível, centrando o foco na comida e suas relações.

Tudo isso se reflete ainda hoje nessa comida comum que pratico e, embora não fale neste livro sobre nutrientes – afinal, a gente come comida e não proteínas, vitaminas e minerais –, a forma como vejo a nutrição está presente em todas as páginas como a ciência que nos ajuda a fazer escolhas, não só para o nosso próprio bem mas para o bem coletivo e do planeta. Nosso sistema alimentar modela uma reação em cadeia que impacta todas as instâncias ligadas direta ou indiretamente ao ato de comer. Comida saudável é aquela que respeita nossa cultura sem desprezar novos aprendizados, que possa ser produzida com menos impacto ambiental, que possa ser compartilhada, que seja biodiversa e que valorize quem produz.

O fato de eu ter levado minha vida toda em uma cidade como São Paulo me traz uma certa nostalgia da vida na roça, onde nunca morei. Nem por isso deixo de tentar viver melhor na cidade grande, com todos os seus percalços. Um mundo ideal na natureza está longe de se conciliar com a vida em uma metrópole, mas, como ensina Antonio Bispo dos Santos sobre a confluência entre quilombos e favelas em *A terra dá, a terra quer*, eu vivo a tentar a confluência entre roça e cidade, ainda que pareça uma ação aventureira.

Se compartilhar mudas e sementes é coisa de roça, aqui na cidade também podemos fazer igual, com a diferença de que conhecemos plantas pelas pessoas e também as pessoas pelas plantas. É o bredo trazido pela Ana Rita Suassuna, que afinal eu conhecia por outro nome; o centenário milho do avô Joaquim que ficou perdido até voltar para mim ou a pimenteira mexicana da Nina Horta plantada por mim e que voltou para ela. Mas também conheci gente tendo a mediação de uma planta de comer – o Seu João do mangarito, a Shakuntala da folha de curry e da moringa, o Seu Wilson do mamão caipira ou o Seu Ivo do cruá, só para citar alguns exemplos. As cidades também podem ser um espaço de pertencimento.

Trago aqui também minha experiência com a formação de merendeiras e oficinas culinárias Brasil afora, sempre com o olhar nos alimentos locais e na enorme biodiversidade que nos oferecem os produtores familiares ante aqueles ultraprocessados que dominam os mercados, as propagandas, as mesas e muitas vezes a alimentação escolar, colocando em risco nossa saúde e nossa soberania alimentar.

Minhas malas de viagem pelo Brasil voltam sempre cheias de rizomas, estacas e sementes para plantar e compartilhar e, se a gente não tem espaço nas casas, há sempre um pedaço de terra por perto que possa virar uma horta comunitária. E horta não precisa ser de alfaces e tomates. Cada uma tem sua vocação, a depender das circunstâncias. Se não tem água, como a nossa Horta City Lapa, plantas perenes se adaptam e resistem à estiagem. E as melhores são sempre aquelas não convencionais (ou Panc), plantas resilientes e importantes para nosso futuro climático incerto, presentes em todas as hortas urbanas de São Paulo e boas para qualquer quintal.

Há tantos quintais de prédios com gramados que poderiam ser substituídos ou intercalados com plantas alimentícias; tanta terra impermeabilizada que poderia ser descoberta para plantar comida; tanta palmeira exótica que poderia dar lugar a bananeiras. E as calçadas? Há tantas delas pela cidade que poderiam dar lugar a plantios de frutas e Panc e ainda sobraria espaço útil para os pedestres.

Seria tão bom se pudéssemos ter acesso fácil à comida e que ela pudesse ser compartilhada com nossos vizinhos e com todos que quisessem. Mas, para isso, e para termos nossas demandas atendidas pelo poder público, temos que estabelecer relações sociais primeiro com quem vive ao nosso redor. Temos que conhecer nossos vizinhos, ter intimidade com nosso quarteirão e habituar-nos a tarefas comunitárias para o bem comum.

Gostaria que este livro fosse lido por pessoas da cidade que vivem como se suas moradias tivessem sido colocadas com guindaste em qualquer bairro do planeta; que mal se lembram da última vez que cumprimentaram um vizinho ou que pisaram no chão que não fosse o da praia; que saem de suas tocas acionando a tecla do portão, com seus carros de vidros escuros; que saem do carro direto para construções de pisos brilhosos; que jogam fora a orquídea quando perde a última flor e que cobram o jardineiro pelas folhas secas caídas no jardim. Queria chegar também àquelas que convidam os vizinhos para um churrasco na laje, que mal têm espaço para o varal, mas têm no topo do murinho e nas paredes dezenas de vasos de chás e temperos. E espero ainda que seja útil às pessoas que vivem na cidade tentando fazer dela um lugar menos hostil e com pensamento na coletividade. Felizmente tenho visto muitos jovens buscando viver assim, seja no campo ou na cidade, estabelecendo boas relações com os lugares onde vivem e se implicando em seus problemas pra criar soluções. O Nicolau e seus fogões solares e o Chico com seu fogão de caixa são bons exemplos contados no livro, com tecnologias sociais de baixo impacto ambiental, fundamentais quando pensamos na forma de cozinhar diante da crise climática que se instala.

Espero não parecer otimista demais com os relatos de uma forma de viver que poderia ser considerada até bem comum, não fossem por pequenas distinções na forma de enxergar o mundo. Em um momento em que se valorizam as especialidades, sou todo o oposto e busco justamente a diversidade. Não por escolha, mas por vocação. E tudo pelo foco na comida, vista pelas lentes de um caleidoscópio.

Adiei como pude este momento, o de reunir anotações pessoais e dar a elas o formato de um livro. É muita pretensão desejar que algumas passagens dele possam motivar outras pessoas a enxergar mais profundamente a comida. No entanto, me anima a ideia de que ele possa ecoar em lugares e para pessoas fora do meu próprio círculo, de que ele dê algumas ideias de como transformar nossa forma de comer e ao mesmo tempo interagir com a natureza ao nosso redor.

Adoraria ter respostas para todas as minhas inquietações e ainda conseguir seguir todas as minhas próprias recomendações, porém sigo mais ou menos por uma linha do bom senso, o da comida comum, escolhendo o melhor possível diante das circunstâncias. Tomara que seja um caminho. E, como diz João Guimarães Rosa, em seu *Grande sertão: veredas*, na voz de Riobaldo, "Eu quase que nada não sei. Mas desconfio de muita coisa".

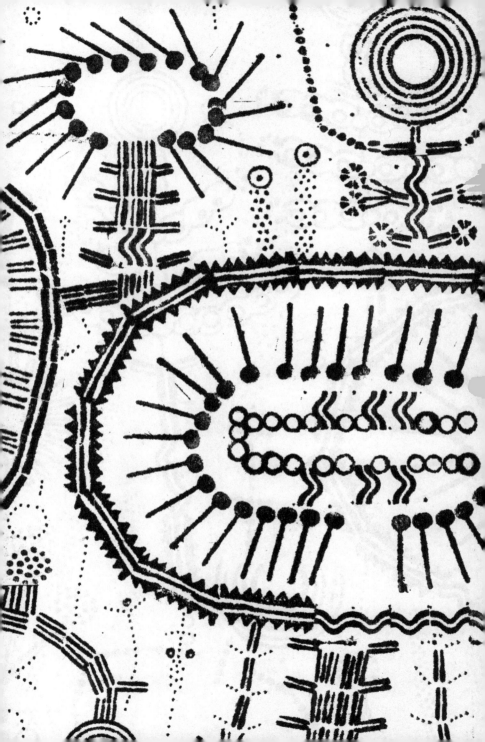

–1–
plantas sociais

Meus pais e avós cresceram na roça, lugar de onde brotou, desde menina, minha curiosidade pela comida, especialmente pelas plantas de comer. De vez em quando alguém me pergunta: "Sua família tinha fazenda, né?". Não, tinha roça. E roça significa produção, trabalho coletivo, subsistência, biodiversidade, mãos na terra. É onde mora minha alma.

Quando visitava meus avós, no norte do Paraná, antes mesmo de entrar naquela casa de madeira, com colchões de palha de milho, lençóis limpos cheirando a sabão de pedra e água de mina, ia para o mato ver o que tinha nascido nos carreadores de café: beldroega, major-gomes, serralha, almeirão roxo, tansagem, caruru e outras hortaliças espontâneas que eram refogadas na banha de porco, viravam caldos verdes, faziam chás, curavam dores. A simples presença dessas plantas em nossas vidas faz com que elas se incorporem naturalmente ao nosso repertório de saberes, assim como aprendemos desde cedo o que é um brócolis, uma batata ou um tomate. Não me lembro de ninguém da família conversando especificamente sobre plantas, mas elas estavam presentes no dia a dia e era o bastante para despertar meu interesse e motivação para continuar aprendendo, primeiro com pessoas, depois com os livros e outras fontes.

Já em São Paulo, cidade onde nasci, morava na periferia e meus vizinhos eram de vários estados – Paraná, Bahia, Ceará, Pernambuco, Sergipe e Minas Gerais são os de que me lembro. Algumas vizinhas tinham comidas plantadas no quintal, como feijão orelha-de-padre e taioba, além de chuchu, couve, entre outras. E, quando viajavam para suas terras, traziam nas malas produtos e ingredientes que eu não conhecia. Mal chegavam, depois de longas viagens de ônibus, eu corria lá para espiar as novidades. Assim, conheci castanha-de-caju ainda na casca, manteiga de garrafa, feijão-de-corda, rapadura e outras iguarias que não faziam parte da nossa mesa. Então, foi no contato com esses jardins periféricos, na roça da família e nas minhas andanças de trabalho como nutricionista e cozinheira que fui formando aos poucos meu repertório alimentar, que ainda sigo aprimorando.

O que me instiga no universo da comida são as histórias das pessoas atreladas ao gesto de cozinhar, suas ancestralidades e motivações, como conseguem e como preparam seu alimento. Quando olho pra trás e tento descobrir quais foram os disparadores do rumo que tomei, não me lembro da escola nem das brincadeiras com outras crianças, mas vejo minha mãe, em sua vida atribulada como costureira e dona de casa com cinco filhos pra cuidar, quando encontrava um tempo de sossego na cozinha para escolher o feijão, tirando pedrinhas ou sementes estranhas, com a cabeça longe – talvez mais perto dela mesma e dos feijões, nunca vou saber. Ela estava sempre correndo pra dar conta de tudo, mas, quando cozinhava, tirava o tempo que fosse para isso, com corpo e mente ali na tábua, onde, com suas mãos pequenas, cortava com capricho as ervas frescas do quintal para juntar ao preparo só no final, e nas panelas, sem nunca deixar a cebola dourar demais, nem o alho de menos, sem permitir que o chuchu perdesse a cor nem a salsinha, o seu frescor. Quando fazia frango caipira, pelo chiado sabia o momento exato de colocar o colorau e de pingar mais água e, pela maciez da asa, que espetava com um garfo, a hora de colocar a alfavaca. Tudo ao seu tempo. Não importava o ingrediente que lhe chegasse às mãos, ela nunca se intimidava. Usava as técnicas que sabia, aprendidas com minha avó, e deixava tudo apetitoso. Às vezes, no meio da tarde, com a cozinha limpa, se sentava numa cadeira longe da mesa e, sem pressa, com uma tigela de louça no meio das pernas, batia energicamente com uma colher de pau a manteiga com o açúcar e as gemas até tudo esbranquiçar. Se meu pai sempre foi mais curioso e gosta de saber das plantas comestíveis ainda hoje, minha mãe nutria um amor incondicional à vida da roça e ao alimento fresco plantado por perto. E tinha um método e disciplina que sempre admirei.

 Assim nasceu meu interesse mais sociológico, ecológico, botânico e antropológico que nutricional, especialmente pelas plantas comestíveis e as formas de preparo. Busco a perfeição de minha mãe na curiosidade destemida que herdei do meu pai.

 Comecei a escrever sobre aquilo que já era rotina para mim, como plantar, colher, pesquisar, viajar, comprar, cozinhar, e passei a reunir informações a respeito de espécies comestíveis não convencionais e pratos familiares e populares esquecidos ou pouco valorizados. Isso deu forma ao blog *Come-se*, que iniciei em 2006. Publiquei textos sem me preocupar se estava falando para poucos. Não que eu passasse a ter método e disciplina, ao menos era um registro, especialmente para mim mesma, e que gostava de compartilhar.

A princípio, achava que ninguém iria se identificar com o que eu estava falando; logo passei a receber comentários de leitores saudosos de plantas e comidas da infância, memórias transmitidas pelas mães e avós.

Certa vez, escrevi sobre o jiquiri (*Solanum alternatopinnatum*), uma planta trepadeira da família das solanáceas, que minha mãe comia quando criança e da qual morria de saudade. Era daquele tipo de saudade que faz marejar os olhos, que aperta o peito e dói um pouco, mas que a gente aprende a gostar quando ela vem. Depois, de volta à roça, a espécie apareceu espontaneamente no quintal de minha mãe se apoiando em uma palmeira de gueroba. Foi uma alegria sem tamanho, principalmente por ter nascido sem ter sido plantada. Benditos passarinhos! E só então pude provar. Fizemos um mutirão com as irmãs e mãe tirando as folhinhas dos galhos que nos arranhavam e se agarravam às roupas e panos ao redor, como se tivessem vida própria. As folhas miúdas foram refogadas em banha e alho para comer com mingau de fubá, já que não era tempo de milho-verde, como costumava ser servido na casa dos meus avós. Eram daquelas comidas trabalhosas para dias menos abastados e que ainda assim viraram comida de desejo. De repente, muitas pessoas me escreveram contando que seus pais antigamente também comiam essa verdura, mas que a planta parecia ter desaparecido porque nunca mais tinham ouvido falar dela. Duas mulheres viajaram até o Paraná para buscar mudas de jiquiri. Anos mais tarde, descobri um produtor de Campina de Monte Alegre, interior de São Paulo, o Helton Josué Teodoro Muniz, que tem mudas para vender em seu sítio, o Frutas Raras.

Outra planta que, para mim, é carregada de memórias afetivas é a araruta (*Maranta arundinacea*), da família das marantáceas. Minha mãe contava que a família vivia se mudando e às vezes chegava em um sítio que era só mato. Tinham que derrubar árvores, fazer tábuas para construir a casa, abrir roçado e plantar as sementes das espécies que comeriam nos próximos anos. Como patrimônio duradouro, mas de rendimento não imediato, traziam consigo as sementes, as ramas de mandioca e os tubérculos como mangarito e araruta. Como provimento para o tempo de aguardo, tinham fubá, farinha de milho, feijão, sal, banha, açúcar, carne de lata, café e um saco de polvilho de araruta, que minha avó mesma preparava e levava nas costas com cuidado para fazer brevidades, biscoitos e mingau e alimentar a família no café da manhã e lanche da tarde. Trigo era artigo raro.

Do rizoma da araruta se extrai uma fécula finíssima que, muitas vezes, é confundida com a da mandioca. Só que a araruta resulta numa goma menos visguenta, mais macia e que deixa os biscoitos mais crocantes. Atualmente, a gente encontra polvilho de araruta em algumas feiras de produtores. Não posso deixar de dizer que muita gente compra uma coisa achando que é outra –

não é incomum encontrar no mercado um produto com o nome de araruta no rótulo, mas que traz na lista ingredientes que ninguém lê: fécula ou amido de mandioca. Alegam que Araruta é um nome fantasia, só que esses produtos custam menos que a araruta verdadeira e o dobro do amido de mandioca. Tem que ter atenção na hora de comprar. Eu sempre tenho no meu quintal algumas plantas de araruta, mas a quantidade é pequena para extrair o amido, então uso o rizoma como batata. Às vezes, especialmente no inverno, a gente encontra araruta em mercearias de produtos asiáticos, no bairro da Liberdade, em São Paulo.

Aliás, por falar em locais de compra, vira e mexe me questionam quando escrevo sobre espécies desconhecidas para um público geral: "De que adianta saber dessas coisas esquisitas se a gente não acha para comprar no supermercado?". Ora, uma coisa pode vir antes da outra, e assim avançamos talo a talo. Quem sabe um dia você não se depara com uma bacia de mangarito com cara de trufas na feira de uma pequena cidade do Vale do Paraíba que foi visitar ao acaso? Sabendo o que é, vai querer comprar. Ou vai que dá de cara com uma horta esquecida, como já me aconteceu.

Sabe aquele ambiente de beldroegas em carreirinha indiscreta do conto "Sarapalha", de Guimarães Rosa, quando o autor descreve o lugar esvaziado pela malária? Meu primeiro mangarito veio de um lugar bem assim, como uma metáfora para o seu quase completo desaparecimento das nossas mesas. Foi há uns vinte anos, quando estive pela primeira vez em Pirenópolis, Goiás, e por acaso acabei indo visitar a casa da sogra do dono da pousada, que vivia em um engenho desativado. O cenário da fazenda era aquele que uniformiza o abandono da terra pelo homem, quando o mato toma conta. E a mulher, que fazia comidas deliciosas em panelas de alumínio areadas na cozinha encardida de fumaça da lenha, me mostrou a horta tomada de carurus, serralhas e ervas daninhas. Entre o inço e a tiririca seca, avistei uma moita de folhas viçosas em formato de coração.

– Ah, era mangarito, já tive muito, agora este aí nasceu de teimoso, pode pegar se quiser, que eu compro batatas.

Claro que aceitei. Como iria recusar as batatinhas de que minha mãe sempre falava com saudade?

Nativos do Brasil, os mangaritos, *Xanthosoma mafaffa*, já foram comuns por aqui como cultura de subsistência. Eu só conhecia de nome, de tanto que minha mãe falava do tal mangarito da infância, com aquele desejo contagiante que atravessa gerações. Era mangarito com frango caipira temperado com alfavaca, mangarito assado na brasa com melado, ou só cozido pra comer com sal. Lembrava também de uma crônica da saudosa escritora Nina Horta, a primeira pessoa que vi propagandeando o mangarito na mídia. Mas, antes de Pirenópolis, não o conhecia ao vivo. Depois sim, tive contato com ele várias outras vezes.

Extremamente rústico, ele exige poucos cuidados e é um produto orgânico por natureza, já que não exige fertilizantes nem defensivos. Mas ficou associado à comida de roça, ligada à pobreza. Talvez por isso e pelo fato de ser sazonal e ter formato indomável e tamanho variável, tenha dado lugar às batatas, sempre tão previsíveis. O sabor lembra o de inhame-japonês e as folhas são como miniaturas das de taioba. Aliás, todos são parentes, são da família das aráceas. Minha mãe preparava as folhas jovens refogadas e elas lembravam a consistência do espinafre, com o verde vivo mantido depois de cozidas.

A época de colheita é entre outono e inverno, quando as folhas começam a ficar amareladas. Debaixo da terra fofa – que é como tem que ser –, o que era antes apenas um dedo de mangarito plantado torna-se um agrupamento que pode chegar a duzentas unidades com formas e volumes variados. De uma batata maior, outro tanto de batatinhas vai se formando lateralmente, por isso é impossível pensar em padrão para mangaritos. Para comparar, podemos pensar em tamanhos que vão de um ovo de codorna a um ovo de galinha.

Não se deve esperar encontrar uma superfície lisa como nas batatas, e a rugosidade pode assustar na hora de pensar em descascar o vegetal, mas, depois de aferventar por poucos minutos, uma surpresa: basta pressionar o mangarito que a casca escorrega como a pele de um tremoço. Entre a polpa e a pele forma-se uma camada mucilaginosa que facilita a empreita. Mas é bom fazer isso enquanto o mangarito está quente ou morno, pois depois de frio a pele gruda novamente – e aí uma pequena faca de legumes ajudaria. De qualquer forma, a pele é também comestível.

A experiência de saborear um mangarito pode trazer rompantes de amores pelo conjunto da obra e não só pelo sabor delicado, que tem uma certa doçura e terrosidade discreta, sem picâncias, amargores nem acidez. Ele traz a marca da ancestralidade, do vegetal rústico, sazonal, nutritivo, não contaminado e sem padrão, do tempo da horta bem cuidada de fundo de quintal, quando se podiam colher variedades brancas, amarelas e roxas.

Os roxos, a que tive acesso, foram presentes do Seu João Lino Vieira, o maior mangariteiro que conheci e que nos deixou há poucos anos. Filho de agricultores colonos como meus pais, tinha saudade do mangarito da infância. Assim que pôde, passou a plantar, pesquisar, distribuir e divulgar mangaritos apaixonadamente. Nosso primeiro contato foi no blog, com um comentário em um post sobre mangaritos. Segue parte de sua mensagem:

> Aos meus amigos internautas, quase todos consumidores de mangaritos, tenho o prazer de anunciar a venda de mangaritos roxos, coisa rara conseguida numa região de Rondônia, talvez herança de antigos povos indígenas. Pesquisando por intermédio de amigos, tive acesso a esta nova preciosidade. Precisamos saboreá-la e, em primeiro lugar, plantá-la para termos uma nova espécie super saborosa. O mangarito roxo é fácil de manipular por apresentar tamanhos grandes, é fácil para descascar e super caloroso, próprio para tratamentos de pessoas debilitadas e principalmente para idosos; aos jovens, ajuda a desenvolver muita energia. É mais uma riqueza oriunda dos nossos cultivares em extinção.

Não fazia questão de ser o único vendedor. Estimulava sempre novos plantadores para que a cultura não desaparecesse. Depois disso, passou a fornecer para restaurantes, comércios e produtores. Ele fazia um marketing personalizado muito eficiente. Uma vez, pediu meu endereço para mandar um pouco de sua colheita. Para minha surpresa, ele veio pessoalmente entregar uma caixa com uns cinco quilos de mangarito. Passamos horas conversando sobre esse e outros assuntos.

Enquanto Seu João seguia reproduzindo variedades que descobria Brasil afora, centros de pesquisa também iam a campo para recuperar o consumo do mangarito, estudando, selecionando e divulgando a cultura, como faz o amigo agrônomo Nuno Ramos Madeira, pesquisador da Embrapa Hortaliças, em Brasília, e também grande entusiasta da espécie. Aliás, eu o conheci em uma palestra em que falava de hortaliças tradicionais, incluindo o mangarito. Depois disso, já compartilhamos várias refeições onde sempre reina o mangarito, que ele sabe preparar tão bem. Afinal, na cozinha, faz-se com mangaritos praticamente tudo o que se faz com batatas, mas, como ele tem lá seu adocicadinho intrínseco, combina ainda com açúcar em preparos como bolos, pudins, doces de corte e até cristalizados como marrom-glacê.

Não preciso dizer que os rizomas que eu trouxe de Pirenópolis, que foram se multiplicando ano a ano, fizeram a alegria de meus pais. Só depois de quatro safras eles conseguiram colher três quilos. Continuaram plantando e comendo a planta com frango caipira por vários anos, até a venda do sítio, quando não tinham mais juventude para cuidar sozinhos de pomar, café, milho, vacas, galinhas. Aí a saudade dos filhos na cidade falou mais alto que os mangaritos da roça.

E, como qualquer cultura que às vezes a gente acha que vai durar para sempre, se não cuidarmos, ele não prospera. Até Seu João, que tinha tanto mangarito, pra dar e vender, uma vez me escreveu dizendo que não tinha passado muito bem nos últimos meses e que a plantação tinha minguado. Deixou o cultivo na mão de outra pessoa, que não zelou e, portanto, não produziu.

Felizmente ele não desistiu; partiu aos 91 anos e deixou o legado para a filha, que segue seus passos. Devemos muitos agradecimentos ao Seu João Lino, a pessoa que realmente resgatou o mangarito no Brasil e conseguiu alavancá-lo da profundeza da terra de hortas esquecidas para restaurantes importantes do Rio de Janeiro e São Paulo, além de satisfazer saudosos e curiosos.

Outro caso que gosto de contar é sobre o cruá ou melão-do-norte (*Sicana odorifera*). Já escrevi várias vezes sobre essa espécie parente da abóbora, meio legume, meio fruta, meio remédio, que conheci já adulta. Certa vez, me mandou uma mensagem um homem, leitor do meu blog:

> Neide, aqui é o amigo Ivo Viana, secretário de Agricultura do Município de Palmeirina, estado de Pernambuco. Dias antes mandei e-mail a você, solicitando a amiga enviar-me sementes de cruá, pois tenho uma vontade enorme de plantar cruá, pois quando garoto existia muito e era consumido pelas pessoas da época. Espero poder devolver à nossa região essa planta que, além de ser útil para a saúde, sendo utilizada na medicina alternativa, é também muito bonita. Devo salientar que sempre faço esse trabalho de trazer pra nossa região plantas que não existem por aqui, ou outras que já existiram. Continuo no aguardo.

Quatro meses depois, ele me escreve novamente:

> Sou Ivo Pereira Viana, plantei as sementes de cruá, apesar do calor intenso, deu certo, já temos pé frutificando. Esperamos tirar muitas sementes e encher o Nordeste afora com esse fruto tão importante e desconhecido para

a maioria das pessoas que sequer lembram da aparência da mesma. Graças a você, introduzimos novamente a fruta boa nessa terra de clima semiárido. Aliás, essa fruta fazia parte do cardápio de muitas pessoas há cerca de trinta anos.

Pode imaginar minha satisfação? Do mesmo lote de sementes que mandei para ele, plantei algumas no meu quintal. A planta escalou a parede e produziu frutos ao lado da janela e no telhado do vizinho. Quando maduro, tem um perfume muito agradável e pode ser colocado na sala para aromatizar a casa toda, já que dura meses. A polpa alaranjada tem vários usos, crua ou cozida. E quando verde pode ser usado como batata ou chuchu.

A circulação das plantas em suas formas reprodutivas, sejam mudas ou sementes, acompanha nossa forma de viver em sociedade, que pressupõe trocas, mesmo quando os itens trocados não sejam facilmente mensuráveis. Eu lhe dou sementes de cruá e você me devolve a esperança de que essa espécie sobreviverá e, quem sabe, um dia volte para mim, caso eu a perca de vista. E assim a gente conhece plantas pelas pessoas e as pessoas pelas plantas, ou pela motivação que as leva a se deslocar de uma cidade à outra em busca de uma semente.

Em um tempo em que se aplaudem iniciativas como o plantio em monocultura de mamão para exportação sobre a vegetação da Caatinga irrigada com água do rio São Francisco, eliminando fauna e flora e todo o equilíbrio ali antes existente, um simples mamão caipira ainda é capaz de despertar desejos e motivar uma busca tão solitária quanto eficaz para a salvaguarda de uma variedade perdida, como é o caso do mamão caipira, xodó da minha família.

Quase não se vê desse mamão para vender em lugar algum, a não ser em feiras de produtores. Mas no arquivo da memória infantil, nas férias anuais na roça, ele aparece estatelado de maduro nos carreadores de café e roças de milho no sítio dos avós e tios. Não me lembro de ser fruta de sobremesa, a não ser quando verde na forma de doces. Tampouco aparecia no café da manhã, mas sim durante todo o intervalo entre as principais refeições, já que esses mamões eram comidos durante as brincadeiras e expedições à roça, de maneira pouco educada, melecando mãos e cabeças. Era algo como um mamão por criança, abocanhando o que era possível e desprezando o resto, que virava adubo ali mesmo onde era comido. As sementes iam ficando pelo caminho, comidas pelas galinhas, plantadas longe pelos passarinhos, dando origem a novas plantas nas proximidades. Não era necessário plantar. As aves faziam o trabalho, dando aos mamoeiros características de planta espontânea.

Depois que meus avós venderam o sítio, fiquei muitos anos sem comer desse mamão, até que meu pai comprou uma roça onde havia alguns pés. Nunca mais faltou. Havia mamoeiros na propriedade inteira, nascendo onde bem queriam – na porta da cozinha, beirando o curral, no meio do cafezal e até na fresta de um velho fogão de lenha de uma cozinha sem uso. Às vezes chegava no sítio e a cesta estava cheia de mamões riscados terminando de amadurecer (mamões são frutas que continuam a amadurecer depois de colhidas, como as bananas e diferentemente dos melões e abacaxis, por exemplo).

Meu pai comia alguns mamões ao longo do dia, da mesma forma que comíamos quando crianças – dava umas bocadas e deixava o resto para as galinhas. É um dos mamões mais deliciosos que conheço e, embora haja mais de cinquenta variedades dessa fruta caribenha no Brasil, no mercado só chegam o mamão-da-amazônia, mais conhecido como papaia, e o formosa, preferidos para o cultivo comercial certamente por causa da produtividade, uniformidade dos frutos, vida longa pós--colheita e maior resistência ao transporte.

O mais irracional é que, mesmo sendo tão rústico, poucos vizinhos do meu pai tinham desse mamão para consumo próprio. Enquanto isso, nas quitandas e supermercados, o que se via, e ainda é assim, eram os papaias e formosas vindos do Ceagesp e cultivados em vários estados do Nordeste.

Acontece que o mamão caipira tem características distintas dos outros dois que mais conhecemos. Ele é mais bojudo, com gomos marcados e um bico na ponta, polpa amarela, doce e muito perfumada. Para mim, muito mais gostoso. Ou apenas diferente, assim como todas as variedades perdidas e esquecidas por aí.

Tudo isso, só pra dizer que fiquei feliz uma vez que mandei sementes para um leitor. Cerca de um ano e meio depois, ele me mandou fotos dos mamões e foi uma alegria vê-los gordinhos, idênticos à fruta-mãe do sítio dos meus pais. Eu mesma não o conheço, mas temos agora mamões em comum e, no meio-tempo entre plantar e colher, ele fez questão de ir conhecer meus pais. Tudo começou assim:

Neide, eu moro em Indaiatuba (SP), mas tenho uma propriedade pertinho de Fartura, em Itaporanga (SP). Estou sempre na região e de vez em quando estou em Fartura. Estes dias, comprei em Goiás sementes de um mamão bem parecido com o caipira, no tamanho e formato principalmente, mas segundo o vendedor das sementes ele foi melhorado pela Embrapa produzindo um fruto mais doce etc. Eu pretendo plantar o caipira, porque ele é muito resistente a pragas e doenças, e quero espalhá-lo na propriedade principalmente para atração de pássaros. Agradeço muito sua atenção e, se você puder me arrumar as sementes, me envia para o endereço abaixo que eu lhe reembolso suas despesas, e com certeza lhe mandarei alguns mamões no futuro para que possas continuar curtindo essas delícias naturais.

Meses depois, ele me escreve novamente:

Neide, boa tarde! Estive em Fartura na semana passada e passei na propriedade de seus pais. Eles são muito simpáticos e me receberam muito bem, tomei um cafezinho feito pela Dona Olga no fogão de lenha. Me arrumaram uns frutos do seu "tomate-francês", de que já estou tentando formar mudas. Quando vê-los, agradeça-os mais uma vez. As sementes do mamão caipira que você me enviou já foram semeadas. Um grande abraço.

Passado um ano e meio, ele me mandou uma mensagem com foto.

Neide, boa noite! Você está lembrada de ter me enviado sementes do mamão caipira? Então, conforme lhe prometi, seguem em anexo fotos dos primeiros frutos. Se precisar de sementes, agora terei à vontade. Mais uma vez, muito obrigado e um grande abraço". Wilson Cologni

Hoje tenho alguns mamoeiros no sítio e um de oito metros no jardim da frente de casa, em São Paulo, cujos frutos são destinados única e exclusivamente a quem tem asas – já não há meio de colher frutos tão altos. Quando estão maduros, me fazem inveja a maritaca, o pica-pau, o sabiá, o sanhaço e a cambacica.

É claro, vemos por aí e às vezes até admiramos paisagens de monocultura ou um jardim estático com plantas exóticas plantadas por estética, tão vazias de vida. Mas uma roça biodiversa ou um jardim dinâmico são um mundo recheado de assuntos e histórias que nos falam sobre vínculos de parentesco, vizinhança, compadrio e amizade com pessoas vivas e aquelas que já morreram. E, quanto mais você doa, mais você tem, pois as plantas se multiplicam como as relações que conseguem formar.

Tenho uma pimenteira que veio da amiga Nina Horta. Um de seus leitores trouxe uma única pimentinha seca do México, para que ela plantasse as sementes e, como não estava com paciência para plantar, esperar germinar e aguardar os frutos, Nina me deu, pedindo que eu fizesse uma muda para dar a ela depois. Essa planta é a coisa mais linda. Aqui em casa, chegou a uns 3 metros de altura, com tantos frutos que caiu com o peso. Mas sempre a tenho no quintal e já doei para muitas pessoas. Não sei o nome da espécie, mas a chamo de "pimenta Nina Horta". Por outro lado, pessoas a quem doei sementes a chamam de pimenta Neide. O que importa é que as pimentas são deliciosas, do grupo das pimentas-de-cheiro, com folhas miúdas verde-arroxeadas e frutos pretos quando imaturos e vermelhos quando maduros. Produz o ano todo e, quando está com frutos – vermelhos alguns, pretos outros –, fica parecendo uma árvore de Natal com bolinhas de duas cores. Como prometido, fiz uma muda para Nina e ela teve a pimenta no quintal até seus últimos dias.

É bom pensar na imagem de minhas plantas em suas andanças de idas e vindas, encontrando gente que cuide delas, se multiplicando para além do meu quintal, cada semente virando tantas outras. A pimenta Nina Horta continua se espalhando por aí. De vez em quando eu tenho notícias dela. Mas não foi só essa a herança que Nina me deixou. Tantas outras espécies alimentícias conheci através dela e de suas crônicas sempre tão poéticas. Folhas de curry e galanga são bons exemplos.

Aliás, a árvore de folhas de curry (*Murraya koenigii*) me remete a outra relação pessoal e a outra espécie de planta. Gosto de andar pela manhã sempre que posso e, mesmo quando prometo a mim mesma que será apenas um exercício físico e não haverá distrações, tropeço nelas como mandadas de encomenda – um enxame de abelhas jataís em volta de uma velha sibipiruna, uma carreirinha apressada de formigas-cortadeiras, um jatobá caído no chão, um cogumelo *Pleurotus* brotando no tronco caído e toda sorte de eventos da natureza.

Em uma dessas caminhadas, vejo uma mulher colhendo e colocando umas vagens na sacola. Atravessei a rua decidida e me dirigi a ela:
– Oi, o que é isto?
– Drastick!
– Hã?
– Drumstick!

– Ah, bom! E o que é?
– Uma árvore indiana.
– É de comer?
– É!
   Meus olhos brilharam. Ela me falou um pouco da espécie que tinha plantado ali, de um jeito meio contido. Na hora, me lembrei de que já tinha visto uma reportagem sobre a *Moringa oleifera*, a *drumstick tree*, no Globo Rural e achava impossível me deparar com uma dessa árvore milagrosa em pleno bairro da Lapa, a umas cinco quadras de casa. O que sabia era que a planta chegou ao Brasil como alternativa para limpar água de chuva captada em cisternas. As sementes trituradas têm o poder de aglutinar a sujeira, funcionando como um filtro para qualquer água de consumo. Mas não só. Recentemente, começou a virar panaceia e mercadoria valiosa, com a promessa de cura para todo tipo de enfermidade. Passou a ser plantada no Brasil todo, inclusive como monocultura para ter suas folhas trituradas e encapsuladas.
   É isso que acontece quando uma planta exótica chega aqui sem o manual completo de instruções, especialmente sobre os diversos usos em seus locais de origem. Quando não se sabe o que fazer e como consumir, é mais fácil encapsular e capitalizar, infelizmente. Muito diferente da planta alimentícia que estava ali diante da pessoa que tinha plantado na praça em frente à sua casa, cheia de memórias de sua terra, de seu povo. Era uma árvore discreta, de copa rala, não passava de quatro metros, com folhas compostas de folíolos miúdos de cor verde-claro, flores brancas pequenas e perfumadas e vagens verdes e quinadas, lembrando quiabos alongados

ou, com muita imaginação, baquetas (ou *drumsticks*, em inglês). Sinto perfume de óleo de coco nas folhas e flores, também comestíveis.

Ela ainda me olhava desconfiada. Para mostrar que eu conhecia outra planta cara aos indianos, na certeza de que assim ela me daria mais atenção, contei que tinha em casa um pé de caripata ou folhas de curry. Aí sim ela me olhou mais incrédula ainda. Naquele momento, desviamos a atenção da moringa e focamos o novo tema apresentado: folhas de curry, caripata, *karipatta* ou árvore de curry. Contei que foi presente da Nina Horta, que, por sua vez, tinha ganhado a muda de uma indiana que morava no Alto da Lapa anos atrás e tinha a árvore no quintal. Ressabiada, Shakuntala (era assim que se chamava) quis saber o nome da mulher indiana que deu a muda. Eu não sabia, mas contei que foi depois que a Nina escreveu uma crônica sobre isso que conheci a planta, e passei a desejar obsessivamente uma mudinha. Logo consegui um broto destacado na árvore da Nina, que ficava na calçada. Já mais à vontade e surpresa, ela continuou:

– Pois a mulher da crônica da Nina era a minha mãe, mrs. Pillay.

E agora surpresa fiquei eu.

– Então a caripata que tenho em casa é descendente da árvore da sua mãe?

As desconfianças se dissiparam.

Papo vai, papo vem, logo eu estava dentro da casa dela falando de plantas, receitas, vendo seu pé de caripata e as folhas de bétel (*Piper betle*), uma trepadeira parente da pimenta-do-reino. De lá ela me levou de carro pra ver uma planta enorme de folhas de curry em um estacionamento perto de nossas casas. Fiquei emocionada ao ver o tamanho da árvore, tão frondosa, de folhas brilhantes, raízes sorrateiras que atravessam o asfalto por baixo das ruas para brotar no outro lado da calçada. Na Índia, usam a planta para segurar barrancos. Na volta, a convidei para conhecer os temperos do meu quintal, incluindo a caripata, prima-irmã da sua.

Nosso encontro foi mediado pela moringa, mas desembaraçado pelas folhas de curry. Por fim, levei para casa umas folhinhas de moringa e elas viraram minha omelete do almoço, seguindo dica da Shakuntala. Já de minha casa ela levou um pouco de banana-pão e algumas folhas de taioba.

Na mesma tarde, ela me telefonou fazendo um convite, e em poucos minutos eu estava de volta à sua casa para experimentar os três pratos deliciosos que ela fez com as vagens de moringa. Num mesmo dia, passamos do acaso de uma conversa desconfiada na rua para uma tarde no aconchego de uma cozinha perfumada de curry e marcada por degustação de ensopados, iogurtes, *chutneys* e massalas caseiras, memórias da Índia, receitas escritas para eu publicar no blog e início de amizade. Tudo por causa de uma planta – duas, no final. De vez em quando a gente se encontra numa praça do bairro colhendo mangas verdes.

As memórias tão afetuosas da vizinha Shakuntala com os temperos e frutas indianas, como jaca, manga e tamarindo, que ela usa verdes em pratos salgados, disparam as lembranças de minha relação familiar com os alimentos da roça, como o milho, o feijão e a abóbora, sempre tão presentes.

MILHOS MULTICOLORIDOS

Outro dia, liguei para uma pequena fecularia na região de Piracaia, cidade do interior de São Paulo onde temos uma chácara, para confirmar se a farinha de milho que eu havia comprado, com rótulo sem a letra T dentro no triângulo (símbolo de alimento transgênico), era realmente livre de transgênicos. O responsável disse, então, que a que eu tinha em mãos certamente era, mas que os próximos rótulos já trariam a letra, pois ele não estava mais conseguindo milho que não fosse transgênico para produzir a farinha. Deu uma tristeza.

Por outro lado, nunca imaginei que a preservação dos nossos milhos ancestrais pudesse também estar nas mãos de artesãos. Em uma edição do Revelando São Paulo, festival de valorização de culturas tradicionais paulistas que envolve culinária, música e artesanato, conheci Alice de Oliveira, artesã de Guapiara, no Vale do Ribeira, interior de São Paulo, cidade famosa pelos vários artesãos e artesãs, a maioria mulheres, que produzem peças utilitárias e decorativas a partir de fibras naturais coloridas. Até aí, nada de mais, afinal fibras de bananeiras ou palhas de milho podem intencionalmente ganhar cores e eu nunca tinha parado para pensar de que forma isso era feito, se artificial ou naturalmente. Mas Alice me contou do esforço que fazem para preservar as variedades tradicionais de milhos coloridos para o aproveitamento da palha. Fiquei feliz.

Os milhos são lindos, vermelhos, pretos, laranja, rajados. E as palhas, densas e coloridas. Alice me explicou a importância dos milhos tradicionais, em relação aos melhorados e/ou transgênicos, para o artesanato.

Nossos milhos mais antigos tinham uma camada de palha muito mais espessa, que era para proteger os grãos do ataque de bichos como roedores. E, se tem mais palha, se tem mais artesanato.

Atualmente, o milho plantado tem pouca proteção de palha. Com um pequeno rasgo se chega facilmente à espiga, o que não acontece com o milho tradicional. O que vale para o milho moderno é ter alta produtividade em grãos, com pouca palha – que tem coloração única e uniforme. Mas, além da quantidade de palha no milho tradicional, a diversidade de nuanças dessas palhas é fundamental no estilo das peças tramadas para formar desenhos em tonalidades diferentes: laranja, vinho, marrom, amarelo... são as cores que dão vida às peças.

Agora, cestarias, artesanato, o que importam? E quanto aos bichos? Bem, para que servem defensivos, afinal? A proteção natural deixou de importar quando se têm métodos tóxicos que eliminam qualquer tipo de vida que coloque em risco a tal da produtividade. Um dia, quem sabe, quando todas as ditas pragas forem resistentes a defensivos tóxicos, vamos voltar a dar valor às artimanhas da natureza. Por enquanto, o que se faz é ir descobrindo um santo para vestir outro, lutando para manter o frágil equilíbrio forjado ao longo dos milênios de seleção natural, lidando agora com os efeitos colaterais. Tudo para aumentar a produtividade. A que custo e até quando? A buva (*Conyza bonariensis*), por exemplo, uma erva comestível de sabor apimentado que se encaixa no conceito de Panc (plantas alimentícias não convencionais), que infesta pastos e roças de milho, já não sucumbe aos herbicidas nas dosagens recomendadas, exigindo uma carga maior, com impacto ambiental incalculável. Ao mesmo tempo, as abelhas, fundamentais na polinização das plantas alimentícias, grãos e frutos, estão sendo dizimadas rapidamente pelo excesso de agrotóxicos, entre outros fatores.

Então, vamos ficar atentos e valorizar iniciativas como as de Alice, que planta muitas variedades de milho tradicional até em terras arrendadas, incentiva outros artesãos, faz lindos vasos e cestas e ensina um ofício que vem de família. Como guardiã de sementes, Alice conta que ali mesmo, no Revelando São Paulo, doou algumas espigas para comunidades indígenas participantes da feira – quiseram recuperar variedades que até eles já haviam perdido. Bem, quanto aos grãos do milho plantado para o artesanato, algumas espigas viram fubá, farinha e canjiquinha ou quirera e são maravilhosos – tive a sorte de ganhar um pouco.

Plantei e distribuí as sementes que ganhei da Alice, mas também consegui recuperar há alguns anos uma variedade de milho tradicional do meu avô materno, Joaquim. Estava com ele desde os seus dezessete anos, e isso tem mais de cem anos. Meus pais, quando saíram da roça, viveram em São Paulo em casa com pequeno quintal, mas era um sonho poder voltar a viver no campo e poder fazer roça de milho. E foi o que aconteceu depois de trinta anos, quando compraram um sítio em Fartura, interior de São Paulo, e voltaram a plantar milho, feijão, abóbora, mamão, banana, café. O milho do meu avô, que se conservava com familiares agricultores, foi plantado pelo meu pai. Era uma planta alta, robusta, com muita palha de proteção e grãos amarelos e grandes. Era com ele que, no fim do ano, nas nossas férias, minha avó fazia mingau de milho com cambuquira, pamonha, curau, bolinho frito e bolo. Minha mãe então continuou a tradição. Depois de alguns anos, quando meus pais já estavam envelhecendo, venderam o sítio, foram para a cidade e não carregaram a semente. Só descobri quando eu mesma quis plantar o milho Joaquim, como passamos a chamá-lo. A sorte é que meu pai tinha compartilhado as sementes entre outros produtores vizinhos e não foi difícil recuperar uma espiga para plantar. Mais do que depressa, também tratei de espalhar, porque semente é assim: quanto mais a gente dá, mais a gente tem. Depois de ter perdido uma plantação para os javalis e outra para as maritacas, não me animei mais a plantar, mas sei que o milho Joaquim sobrevive em mãos mais hábeis, como as do meu amigo Dercílio Pupin, em Piracaia, que ainda planta e distribui.

Aposto que na sua família também há aquelas plantas das quais a gente só ouve falar. É uma erva que curava dor de barriga, uma planta que fazia um chá perfumado para acompanhar a broa de fubá do lanche da tarde, outra que fazia farinha para os biscoitos. É só procurar nas lembranças que a gente encontra.

O jaracatiá (*Jacaratia spinosa*) é uma planta da Mata Atlântica, da mesma família do mamoeiro e também conhecida como mamão-bravo ou mamão-do-mato, e seus frutos sempre estiveram associados às memórias do meu pai, assim como o doce do caule do jaracatiá está associado à família da minha mãe. Tenho lembranças da planta que nascia espontaneamente nos carreadores de café na roça dos meus avós, assim como os mamoeiros caipiras. Mas a parte que se comia era o tronco frágil, de miolo branco e crocante. Ralado, lavado para tirar a seiva, espremido e cozido com açúcar, cravo e canela, tinha aspecto de cocada, com sabor mais das especiarias usadas que do ingrediente que levava a fama – tanto o caule de mamão como o de jaracatiá têm sabor muito neutro. Provavelmente era uma forma de se aproveitar a planta que caía com facilidade com os vendavais. Com o tempo, o doce circunstancial virou objeto de desejo com preparo programado e as plantas passaram a ser cortadas para isso, sem tempo para darem frutos e sementes – e não eximo minha família desse costume. Segundo minha mãe, que já se foi, se o tronco for cortado a um palmo do chão, a planta rebrota. Rente ao chão, morre. E, se for cortada muito alto, apodrece. De qualquer forma, nunca deixavam frutificar. Tanto que eu nem conhecia o fruto, a não ser de nome. Hoje sei que é possível fazer o tal doce-de-pau, como também é chamado, sem precisar cortar a planta toda. Basta cortar um dos troncos, como uma poda. Mas a recomendação nem sempre é seguida à risca. E lá se vão os pés de jaracatiás.

Em um dos nossos encontros no sítio, meu pai veio todo feliz dizendo que havia descoberto um pé de jaracatiá carregado nas terras do vizinho Osni. As sementes foram levadas do seu sítio quando ele nem era ainda o proprietário. Todas as plantas dali foram arrancadas pelo vento. Com as sementes do Seu Osni, as plantas voltaram para a roça do meu pai, mas o sítio foi vendido antes que elas produzissem frutos. Hoje já não sei se resistiram, se foram cortadas para doce do caule antes de produzirem sementes, se caíram com o vento ou se ficaram carregadas de mamõezinhos amarelos na safra, no começo do ano.

O mamão-bravo que meu pai comia quando criança era assado na chapa do fogão de lenha. Disse que bastava cortar, encostar a polpa aberta no açúcar e grelhar na brasa. Um alerta que sempre se faz em relação à frutinha é sobre a seiva leitosa – purgativa e vermífuga – presente principalmente quando verde, mas também madura, como o mamão. Trata-se de papaína; basta riscar a superfície do fruto horas antes de consumir ou cortar e deixar imerso em um pouco de água. O fruto muito maduro tem menos desse efeito e, se cozinhá-lo, desaparece. De qualquer forma, a papaína, que é uma enzima proteolítica (digere proteínas), é inativada pelo calor. Por isso a gelatina de mamão ou de abacaxi só funciona com o fruto cozido. E a vitamina de leite com mamão endurece e amarga se deixarmos parada por um tempo. Mas a papaína do mamão, assim como a bromelina do abacaxi, só vão causar algum mal à sua mucosa ou à sua mão se você estiver com alguma lesão aberta. Senão, o efeito é quase nulo. Por que abacaxi dá afta e mamão não? Ambos têm enzimas proteolíticas, mas o abacaxi é ácido e agride um pouco a mucosa, deixando-a mais exposta para a ação da bromelina, enquanto o mamão comum não é ácido. Já o jaracatiá tem uma ligeira e desejável acidez e por isso pode causar um pinicamento muito leve na boca. Pelo menos foi isso que aconteceu quando eu comi o fruto ao natural. É só não comer muito. Eu comi uns três, quatro, nesse estado, porque não resisti. Mas, se não tiver aftas nem machucados na boca, sentirá apenas um leve pinicar, bem leve mesmo. Meu pai também come cru e nunca teve nada. E, apesar dos alertas do Seu Osni, tampouco queimei a mão ao manusear os frutos sem luva. Imagino que pessoas que trabalham no campo possam ter com certa frequência algum arranhão na mão e um pinguinho daquela seiva deve fazer arder como fogo, corroendo a carne. Fora tudo isso, como é uma espécie silvestre, pode haver variedades mais bravas e mais mansas.

Esquecendo os inconvenientes, vamos voltar ao fruto. Nunca o tinha provado fresco e cru e fiquei maravilhada. Outro mito que se desfez é em relação às sementes. Sempre mandam tirar para fazer compotas e achei que fossem como as do mamão. Mas, para comer cruas ou assadas, elas podem ser mantidas e dão ao fruto uma mistura de texturas interessante.

A polpa bem alaranjada é cremosa e bem doce, enquanto as sementes são crocantes quase como as de maracujá, doces e cobertas por uma gominha viscosa como a do quiabo. Tudo isso na boca forma uma geleia texturizada de sabor fabuloso que lembra uma combinação de frutos tropicais – goiaba, feijoa, araçá, maracujá.

O fato é que o fruto, muito mais do que o caule, tem um potencial gastronômico enorme. A compota, mesmo que de sabor mais suave, é, no conjunto, uma delícia como as tâmaras, e deveria estar nas feiras e nos restaurantes.

Se depender de doceiros e doceiras da cidade de São Pedro, interior de São Paulo, a espécie sobrevive, pois lá os doces mais valorizados são feitos com as frutas, em compotas ou cristalizadas, e não com os caules. Povos originários são outros guardiões dessa espécie. Anos atrás, em uma visita à aldeia M'byá Guarani, Rio Silveira, em Boraceia, litoral norte de São Paulo, me deparei com uma árvore carregada de frutos e fiquei sabendo que ali consumiam o fruto assado, da mesma forma como meu pai comia.

Pena que, uma parte pelo uso predatório, outra pela degradação do bioma da Mata Atlântica, um dos berços de origem do jaracatiá, a planta já figure nas listas de espécies em risco de extinção em vários estados.

Não fossem pessoas como minhas antigas vizinhas, meus pais e avós, Helton Josué, Wilson, Seu João Lino, Alice, Pupin, Nina, Shakuntala, Seu Osni e tantas outras apaixonadas por plantas de comer, eu não conheceria grande parte do que considero hoje meu acervo vital.

As plantas não precisam de nós, mas é tão bom saber que elas nos acompanham, ainda que nos espiando de uma fresta. E poder reconhecer com humildade sua importância para nosso bem-estar físico e mental nos coloca em conexão com nossas próprias histórias, contadas por elas, e com as pessoas que cruzam nosso caminho, mediadas por espécies de interesse comum. Como em um retrato de cena, elas seguem conosco, eternizando a circunstância dos momentos marcantes que nos trazem saudade – ou não.

2
mesa farta, diversa e colorida

Ao longo da vida, acumulei bons exemplos de práticas agrícolas de baixo impacto ambiental, destinadas à produção de alimentos com abundância, variedade e respeito aos produtores. Elas permitem um equilíbrio entre solo, água, vegetação, fungos, insetos e outros seres vivos interdependentes, de modo a manter um sistema que se sustenta sem intervenções agressivas ao meio ambiente. Do mesmo modo, vi modelos de monocultura que tiram tudo o que a terra tem a oferecer sem conseguir nunca repor artificialmente o que a natureza, com toda a sua complexidade, levou uma eternidade para organizar. Algumas vezes, vi essa situação bem de perto, como certa vez em que queria escrever um artigo sobre pacová e fui atrás de seu ambiente natural.

Era mês de junho, fazia frio naquele pedaço da Serra da Mantiqueira e nosso destino era um pequeno bosque com moitas de pacovás, um parente brasileiro do cardamomo. Estávamos em quatro pessoas, duas delas nascidas ali mesmo em Piracaia, interior de São Paulo.

Para chegar ao local sombreado e úmido, o ambiente natural da planta, foi preciso atravessar uma montanha. E a caminhada de mais de hora por trilha no meio da floresta foi cansativa. Não por termos que desviar de galhos, pular pedras, atravessar riachos, espantar bichos perigosos ou afastar insetos. Mas simplesmente porque floresta não havia ali. O cansaço era pelo deserto daquela terra árida e sofrida após o corte dos eucaliptos de uma dita floresta comercial.

Chegamos ao local onde havia uma reunião de pacovás com mais de um metro de altura e folhas similares às de alpínias, galangas e lírios-do-brejo. Colhi apenas o suficiente para matar minha curiosidade, mas o casal de agricultores que nos guiou colhia pacová anualmente durante o outono e inverno, havia muitos anos. Na varanda da casa deles, presas ao madeirame do telhado, havia várias pencas de cabeça pra baixo, com frutinhos vermelhos quando frescos ou quase pretos quando secos, pois já haviam feito a colheita deles. As sementes são resinosas e muito perfumadas, lembrando mesmo os cardamomos exóticos, e a polpa, quando vermelha, pode ser usada para tingir e dar fragrância a chás. Segundo eles, a colheita no passado era muito mais farta, havia em abundância. Agora, só conhecem aquele recanto, que não gostam de divulgar. Dizem que não é fácil de cultivar: ele só nasce onde quer, em condições de sombreamento e umidade muito específicas. Contam que a planta ainda é usada, especialmente pelos mais velhos, para dor de estômago e má digestão e que ela guarda um mistério, pois, embora estivéssemos no inverno e tenhamos encontrado alguns frutos ainda vermelhos, a maioria deles amadurece exatamente na semana santa, não importa se cai em março ou abril. É quando saem para a colheita.

Quando eu compartilhei essa história na coluna que eu escrevia para um jornal e o comparei com o cardamomo, recebi várias mensagens de pessoas que faziam gim artesanal e gostariam de incluir o pacová no *blend* de especiarias e ervas nativas para aromatizar a bebida. Queriam saber onde ficava o tal bosque dos pacovás. É claro que não contei. Já acabaram com toda a floresta que protegia os pacovás de cura daquelas pessoas e agora viriam pilhar o pouco que restou? Não contei.

A floresta de eucalipto, que se estendia até o topo do morro, estava na fase de corte. E não é só corte; afinal, a planta, que nada tem a ver com o mau manejo que o homem lhe oferece, tenta brotar, se regenerar, mas vem um mata-matos potente, geralmente glifosato, e acaba com sua graça e sua raça. E também com tudo o que tem a má sorte de estar em volta dela. Nenhum ser vivo sobrevive nessa "floresta". Não só a rebrota seca com cor de folhas mortas, mas tudo o que está sobre a terra já exaurida. Não se vê um pontinho verde, um ser que respire ou outro que se mova. O silêncio é esquisito e é estranha essa floresta de uma espécie só – ou nenhuma, como era o caso. Pelo caminho poeirento, desértico e cansativo, algumas grotas secas indicavam que houve ali um dia alguma nascente. Para tentar compensar e dar alguma nutrição para que a terra pedregosa e sem vida continue dando lucros com novas plantas, sacos e sacos de fertilizantes são despejados na terra pedregosa. E os sacos estavam ali para comprovar.

Além do pequeno bosque onde resistiam as moitas de pacová, avistava-se do outro lado da estrada uma paisagem colorida e diversa com manacás, muricis, angicos, guapuruvus, ipês, embaúbas, caetés, quaresmeiras, samambaias-açu e até araucária, onde ainda se ouviam cantos de pássaros, barulho de bugios e cantarolar de água correndo. Aquilo sim, reserva obrigatória talvez, ainda que pequena, era uma floresta cheia de vida, como todo o entorno foi um dia.

Já no lado desértico, algumas árvores insistiram em ficar, mas sabe lá até quando resistirão. Dava para contar nos dedos. Havia uma embaúba com cicatrizes de machadadas na base, uma paineira já sem forma e um grupinho de três araucárias estioladas, cujo estado dava dó. Eram esguias, sem folhas, esqueléticas, com os galhos da copa quebrados, comprometendo o desenho característico. Sob elas, na terra poeirenta, secavam alguns poucos pinhões magros que não encontravam sequer uma gralha faminta para enterrá-los (assim germinam os pinhões na natureza). E isso a pouca distância de uma das represas do sistema Cantareira que abastece parte da cidade de São Paulo. E o que uma coisa tem que ver com a outra?

Vocês devem se lembrar da crise hídrica de 2014. Vivemos um ano de estiagem severa e todos os dias os jornais mostravam os níveis dos reservatórios baixando assustadoramente, incluindo o da represa do rio Cachoeira, que faz frente para a tal floresta deserta.

Há várias causas para nosso desabastecimento de água, mas não podemos nos esquecer dessas florestas plantadas. Esse é um nome fantasia dado para as monoculturas de eucalipto que assolam o país. É fantasioso porque floresta pressupõe diversidade de fauna e flora, perenidade, proteção de corpos hídricos, o que não é o caso. A falsa floresta cresce assustadoramente rápido, afasta fauna e flora e ainda seca todas as fontes de água perto dela. Pra completar, de tempo em tempo vem abaixo, deixando a terra exposta e os mananciais já exauridos ainda mais desprotegidos. Conclusão: nossas fontes estão secando.

Que a cidade de São Paulo era totalmente coberta por fontes e córregos pouca gente sabe, e que hoje nossa água tem que vir de longe, menos ainda. O importante é ter água na torneira. Agora, se já perdemos nossa capacidade de captar água das nossas fontes em nosso território (o certo ao menos seria cada um captar e reservar água de chuva em seu domínio particular para usos diversos) e nossa água vem de longe, é hora de se preocupar também com as fontes distantes, como as de Piracaia e região, que estão secando. E aí entra o eucalipto. Ou encontramos formas mais segura de convivermos com isso, com políticas efetivas de manejo, ou não teremos água pra cozinhar nosso pinhão. Mas também não teremos pinhão.

A estiagem não é só culpa das mudanças climáticas. As represas eram rios, os rios tinham afluentes, os afluentes estão secando. As companhias de água deveriam se preocupar não só com a orientação de economia de água, que é óbvia e necessária, mas também com os eucaliptos dos topos de morro e do meio do caminho todo, além do gado que pasta nos fundos de vale das represas onde deveria haver mata ciliar.

Não é novidade alguma o êxodo rural crescente, a situação de miséria em que se encontram agricultores na cidade, expulsos de suas terras, e as condições precárias dos trabalhadores em falsas florestas de eucalipto ou em outros plantios de monocultura que empregam gente apenas na hora de plantar, aplicar herbicidas e venenos e, depois, no momento de cortar ou colher. Por outro lado, muitos agricultores foram incentivados por prefeituras a plantar eucalipto ou pinheiro, ambas espécies exóticas, ocupando todos os espaços, mesmo topo de morro, de florestas verdadeiras e também substituindo a roça de subsistência, mal sobrando espaço para uma horta.

Cada vez mais, o que se confirma é que o sistema agroecológico e a distribuição de terras pra quem precisa, sabe e quer plantar são o melhor caminho para manter a dignidade do trabalho no campo, acabar com a miséria e o abismo social, preservar as reservas naturais, proteger fauna e flora e ainda produzir alimentos saudáveis para todos de forma descentralizada, biodiversa, ética e sustentável, com base em práticas e conhecimentos dos povos originários e comunidades tradicionais acrescidos de saberes científicos, respeitando tanto os ciclos da natureza como a cultura local. No sistema agroecológico, até o eucalipto pode ter seu lugar. Apesar de uso controverso, há quem defenda seu plantio consorciado como forma rápida de conseguir massa verde para proteger o solo e fornecer madeira para uso diverso. O sucesso dos assentamentos do MST (Movimento dos Trabalhadores Rurais Sem Terra) seria, esse sim, um ótimo modelo a ser incentivado pelas prefeituras de cidades que perderam suas matas para o eucalipto, que perderam suas araucárias nativas, suas hortas e tantas outras espécies da fauna e da flora que garantem o equilíbrio do ecossistema.

E, quem sabe um dia, voltaremos a esperar, naquele canto da Mantiqueira, o outono dos pacovás, o inverno dos pinhões e a safra em abundância de plantas de comer das matas, da horta e do pomar? E nos sentaremos em volta da fogueira de galhos caídos pra comer pinhão assado, bebendo chá perfumado de pacová.

BIODIVERSIDADE LOCAL NAS ESCOLAS

Minhas primeiras oficinas, para merendeiras, crianças, pais e mães, foram em Acrelândia, no Acre. Depois vieram Uauá, Euclides da Cunha, Sobradinho, Curaçá e Canudos, no sertão da Bahia. Em outro momento, as oficinas ocorreram também em Salvador e Gandu e recentemente foram dadas para agentes de alimentação de cidades do baixo sul da Bahia. Para a Amazônia voltei mais algumas vezes a trabalho depois de Acrelândia, sendo a viagem mais recente a pra Itacoatiara, no Amazonas, em agosto de 2024, cuja oficina incluiu, entre os participantes, pessoas da comunidade ribeirinha, nutricionistas e merendeiras. Antes disso, fui para Laranjal do Jari, no sul do Amapá; Lábrea, à beira do rio Purus, no sul do Amazonas, e Tefé, no Médio Solimões. Sempre com foco no uso da sociobiodiversidade local.

Esse foco, aliás, tem sido um esforço constante. O Programa de Aquisição de Alimentos (PAA) foi criado em 2003 como política pública para incentivar a agricultura familiar e promover a inclusão social no campo, como uma tentativa de garantir alimento às populações com a compra da produção familiar. Uma inclusão mais significativa desses produtos locais na alimentação escolar pode trazer inúmeros benefícios nutricionais para estudantes da educação pública, das creches ao ensino médio e educação de jovens e adultos, permitindo o acesso a produtos frescos e saudáveis, sem contar que a medida oferece incentivo à agricultura familiar, aumentando a geração de renda e a melhoria da situação socioeconômica de agricultoras e agricultores. Além disso, promove a sustentabilidade, o desenvolvimento da economia local e a soberania alimentar, com acesso a alimento de qualidade por toda a comunidade.

A necessidade de incluir esses alimentos na alimentação escolar foi reforçada pelas diretrizes do Programa Nacional de Alimentação Escolar (PNAE) de 2009 e da Resolução do Fundo Nacional para o Desenvolvimento da Educação (FNDE) do mesmo ano, obrigando os municípios a destinar pelo menos 30% dos recursos federais para a compra de produtos da agricultura familiar. Consta da lei que "os cardápios da alimentação escolar deverão ser elaborados pelo nutricionista responsável com utilização de gêneros alimentícios básicos, respeitando-se as referências nutricionais, os hábitos alimentares, a cultura e a tradição alimentar da localidade, pautando-se na sustentabilidade e diversificação agrícola da região, na alimentação saudável e adequada". O problema é que nem sempre a contrapartida do município é suficiente para a garantia de uma alimentação escolar de qualidade, seja pela estrutura das cozinhas, seja pelo número e capacitação de funcionários, seja pela logística e responsabilidade em honrar o compromisso com os produtores. E o objetivo das oficinas nunca foi o de substituir a orientação dada pelo profissional de nutrição responsável pelo cardápio, e sim de oferecer mais opções de uso para determinados produtos da sociobiodiversidade, com técnicas que pudessem ser facilmente replicadas com outros itens, conforme a disponibilidade da região ou da estação, e aproveitar esses encontros como lugar de compartilhamento e reflexão.

Uma coisa que aprendi na prática, logo na primeira experiência, foi nunca chegar em cima da hora, direto para as oficinas, e também não levar utensílios ou ingredientes na mala. Tem que ter tempo para a ambiência. E, ainda mais importante, nunca levo a oficina pronta no primeiro contato; considero isso uma imposição. O que preciso é fazer uma visita prévia quando possível ou chegar alguns dias antes pra conhecer o lugar, as pessoas, os produtos, as safras, os quintais, os costumes, as histórias e as formas de aquisição dos alimentos. Sem isso, é difícil desenhar uma oficina só baseada em suposições. Com um breve diagnóstico, aí sim, proponho o uso de utensílios e dos ingredientes locais, pensando em valorizar a produção regional, relembrar hábitos e culturas alimentares que contribuam para fortalecer as comunidades tradicionais e diversificar a alimentação nas escolas.

Quanto aos ingredientes, uso os que forem da época, além daqueles de produção artesanal, da agricultura familiar, que podem ser coletados nos quintais e roças e encontrados nos mercados. Esses ingredientes reunidos formam uma mesa farta, diversa e colorida que, muitas vezes, surpreende os participantes moradores da região.

Lembro-me dos encontros de Acrelândia, em que os integrantes da oficina custaram a reconhecer que a abundância sobre a mesa vinha de seus próprios quintais. Cada um conhecia isoladamente o que tinha à sua volta, mas tantas frutas, verduras, grãos, raízes e ervas aromáticas, nunca tinham visto reunidos num só conjunto.

Muitos moradores compravam frutas refrigeradas no mercado – maçã, pera e uva –, porque era o que tinha nas prateleiras, e ignoravam as variedades dos jardins locais. Embora eu tenha pesquisado muito sobre Acrelândia, Amazônia e os ingredientes amazônicos antes de ir, quando cheguei lá, me deparei com uma realidade completamente diferente. Isso porque Acrelândia também é povoada por pessoas vindas de vários lugares do Brasil, de Norte a Sul, nesse eterno ir e vir de pessoas sem-terra em busca de melhores condições de vida. E a Amazônia já significou essa esperança para agricultores. Então, os hábitos alimentares e os ingredientes que plantam em seus quintais eram distintos daqueles que eu imaginava. Na época do ano em que eu fui, quase não havia castanha, mas também as altas castanheiras já eram escassas porque floresta já não havia ali – como o caso das araucárias. Em compensação, os quintais estavam cheios de frutas de outros lugares, ambientadas por ali, que deram um incrível colorido à mesa e muitas ideias para as oficinas. Por vocação, nasciam também nos quintais frutas amazônicas, como o cupuaçu, mas muita gente não imaginava como se consumia além de sucos super doces e musses feitas com leite condensado e creme de leite. Era uma fruta que chegava a perder sob os pés carregados. Por outro lado, em muitos quintais havia árvores de frutas exóticas, como as indianas jambo, manga, carambola e tamarindo. Ainda assim, vi muitas crianças indo às pequenas mercearias para comprar saquinhos de refresco em pó. Cada saquinho não media mais que 4 centímetros quadrados, custava centavos e fazia uma jarra de suco bem doce. Como cabia tanto açúcar naquele pequeno sachê? Simplesmente não cabia. O que tinha ali eram só corantes, aromatizantes e adoçantes artificiais, que deveriam ser proibidos para crianças. Mas o fácil acesso e fácil preparo – bastava juntar a uma jarra de água gelada – davam autonomia às crianças.

A praticidade dos alimentos ultraprocessados, aqueles que já chegam prontos ou semiprontos da indústria, cria uma espécie de ilusão, de economia de tempo e possibilidade de acesso. Muitos deles, à primeira vista, custam menos que alimentos frescos, animais e vegetais, porque o valor final só chega no longo prazo com os efeitos colaterais para a saúde causados pelo excesso de sal, açúcar, gordura e aditivos artificiais. Infelizmente, eles estão por toda a parte. Quando estive em Dakar, no Senegal – por duas vezes, também para oficinas –, achei deliciosa a comida, com tempero natural muito rico, complexo e equilibrado, contendo cebolas, pimentões, especiarias e ervas locais, quase sempre socadas no pilão. Mas me chamou atenção o tamanho dos *outdoors* da indústria alimentícia com foto do tradicional pilão, com todos os ingredientes do tempero local, porém dizendo que ficaria ainda melhor se usassem um cubo de caldo industrializado. E muita gente estava acreditando e adotando esse reforço do aroma artificial.

Todas as cidades amazônicas que visitei têm algumas coisas em comum. Dentre elas, destacam-se, além da farinha de mandioca com suas especificidades locais, a banana-da-terra, também conhecida como banana-comprida ou pacovã. E elas são maravilhosas, itens identitários da cultura alimentar. A outra coisa é o tal do tempero pronto, seja de pozinho ou em cubos, e isso é decepcionante, tendo à volta tantos aromas naturais perfeitos. Se a banana e a farinha são um privilégio do Norte e Nordeste, o mesmo não se pode dizer desses temperos; afinal, a indústria conseguiu convencer o Brasil de Norte a Sul de que é melhor usar tempero pronto, com aromas artificiais e glutamato monossódico, que os clássicos cebola e alho, além de urucum em suas várias formas, ervas aromáticas e molhos como tucupi amarelo, tucupi preto, nossas várias pimentas e o arubé. O alho e a cebola já não bastam para temperar um simples arroz. O alto consumo de tempero pronto me motivou até a fazer uma oficina só de temperos naturais e foi ótimo conversar sobre essas escolhas industriais e falar das possibilidades locais mais saudáveis, ao alcance de todos. Foi aí que descobri, por exemplo, que muita gente não estava mais usando colorífico ou colorau porque lhes disseram que não era bom pra saúde, afinal tinha sal. De fato, em Lábrea encontrei colorau salgado, que não é comum em outras partes. Mas veja bem: era uma produção artesanal que só incluía urucum, sal e alguma farinha para dar corpo ao pigmento. Bastava diminuir o sal do preparo e pronto. O urucum é tempero nosso, indígena, que tinge como a páprica e é antioxidante como a cúrcuma.

No Mercado Municipal de Lábrea, a gente encontra arubé em garrafinhas de água ou de refrigerante sendo vendido em bancas junto com verduras, feijão-da-praia, pimentas e tucupi. O arubé de lá é um molho fluido, alaranjado e apimentado feito com a macaxeira pubada ou fermentada à qual se acrescentam pimenta-de-cheiro e pimentas ardósias, como são chamadas as pimentas ardidas, presença obrigatória em toda mesa para acompanhar peixes assados na brasa ou fritos e até hambúrgueres. Está presente em qualquer lanchonete, para a alegria dos fregueses locais e visitantes. É muito melhor que tabasco, acredite!

Em outra oficina, realizada no sertão da Bahia, encontrei uma diversidade imensa de espécies comestíveis, apesar de a Caatinga ser vista como um bioma pobre, de escassez alimentar. Assim, ao reunir os alimentos da região, com a ajuda de pessoas mais velhas, verdadeiras guardiãs do conhecimento sobre a flora, suas histórias e seus usos, saltava aos olhos a grande biodiversidade. Uma planta do sertão da Caatinga, por exemplo, é a macambira, uma bromélia como a planta do abacaxi, cujas folhas estão cheias de espinhos curvados. São muitas as armadilhas que defendem esse bioma frágil: são os marimbondos-caboclos raivosos que constroem suas colmeias nas forquilhas em pés de amburana e picam doído; as folhas espinhosas e peçonhentas da favela, com seu veneno que arde, coça e queima quando nos roça a pele; os espinhos grandes do mandacaru, que podem atravessar pés calçados; as agulhas invisíveis e certeiras de palmas, palmatórias e caxacubris; os pelos urticantes do cansanção, sem falar dos maciços de macambira.

A macambira tem um agravante: a intervalos irregulares, os espinhos resolvem mudar a direção da curvatura, formando verdadeiras garras traiçoeiras. Se, por acaso, você se enroscar nos espinhos da macambira, solta-se de um, mas não escapa do outro. Quanto mais tentar se desvencilhar se orientando pela direção dos espinhos, mais aqueles contrários se afundam na sua carne, rasgando sem dó. Dizem que na Guerra de Canudos, os soldados do exército eram atraídos pela tropa de Conselheiro para as moitas de macambira para que ali ficassem enganchados. Claro, essas armas naturais não foram páreo para o poderio das armas de fogo e a fome, no entanto ganharam tempo. Perderam a guerra, mas venceram algumas batalhas importantes.

É tão difícil escapar das unhas da macambira que gente ruim, falsa e sem piedade recebe o apelido de "macambira", que é sinônimo de resistência, resiliência e sustento. O mocó de macambira, chamado também de "pitó de macambira" ou "maçã de macambira", é o broto dessa bromélia típica da Caatinga, de nome de batismo *Bromelia laciniosa*. A receita mais tradicional para se apreciar um mocó de macambira é entrar na Caatinga, tirar o broto, descascá-lo e abocanhar ali mesmo aquela delícia crocante; mas, tendo em mãos um bom tanto de mocós, pode-se fazer tudo o que se faz com os palmitos: saladas, recheios, sopas etc.

Observo com frequência, em diferentes contextos brasileiros, e especialmente entre as novas gerações, a supervalorização do repertório alimentar de São Paulo e do Rio de Janeiro em detrimento da rica cultura alimentar local e dos conhecimentos tradicionais. A formação de profissionais da gastronomia muitas vezes repete esse mesmo padrão: o ensino aborda mais a cozinha francesa do que a indígena, sertaneja, ribeirinha e quilombola, e ainda reforça o estereótipo de que a culinária brasileira não tem técnica. Quase não se estuda a técnica de pubagem ou os produtos da mandioca nas escolas. E ingredientes como aqueles que a gente encontra Brasil afora passam longe dos laboratórios de técnica dietética ou das cozinhas didáticas das escolas de gastronomia. Como pensadora da comida, me interessa o mocó de macambira tanto quanto o abacaxi; ambas bromélias comestíveis – uma negligenciada, a outra não.

NORTE ABUNDANTE

Onde nasci, alguns dos meus vizinhos eram do Nordeste, nenhum do Norte. Por isso, não guardo de minha infância nenhuma memória relacionada ao tucumã e imagino que boa parte dos que me leem também não – diferentemente, portanto, de crianças e adultos que conheci em Lábrea, no sul do Amazonas, onde estive para dar oficinas para merendeiras. Era dezembro, a safra estava começando por ali e ele reinava em toda parte – nas bancas do mercado municipal, nas quitandas, no chão das roças ao redor das palmeiras e até no comércio improvisado em calçadas pelos moradores. Nos sorrisos infantis, boquinhas amarelas de tanto comer tucumã descascado no dente e muita história pra contar. Não há quem não goste de tucumã naquele canto da Amazônia. Come-se com farinha, acompanhado de café, no beiju de massa ou na tapioca.

Para mim, foi um sabor adquirido instantaneamente mais tarde, no auge da maturidade, durante uma viagem à Ilha do Marajó. Anos depois, me deparei novamente com o fruto na cidade de Manaus. No Mercado Municipal, sacas pesadas de tucumãs carnudos adornavam bancas de iguarias locais, e saquinhos com a polpa já beneficiada – isto é, tirada em lascas – podem ser encontrados em pontos variados pela cidade, e a vantagem é que dá pra comprar e já sair comendo sem precisar cozinhar, diferentemente do coquinho da pupunha, que se come sempre cozido. O sabor é um pouco adocicado e amanteigado e a consistência, macia e lisa. Basta abrir o saquinho e a gente não consegue parar de comer até ver o fim.

Há duas espécies conhecidas por tucumã, ambas pertencentes ao gênero *Astrocaryum*. Em Manaus e arredores, predomina a espécie *A. aculeatum* ou tucumã-do-amazonas, nativa das terras firmes da Amazônia, incluindo a porção peruana, colombiana, venezuelana e das Guianas. No Brasil, está presente em toda a Amazônia ocidental, indo até o oeste do Pará, Mato Grosso e Roraima. Palmeira de um só caule cheio de espinhos escuros e grandes dispostos em anéis, ela tem frutos com polpa mais carnuda que o tucumã-do-pará, *A. vulgare*, que cresce em touceira e que tem provavelmente o Pará como centro de dispersão, ocorrendo também na Guiana Francesa e no Suriname. Ambos têm usos parecidos, com algumas particularidades.

Nas ruas de Manaus desde a década de 1990, o sanduíche popular "x-caboquinho" é o tipo de fast-food que cativa manauaras e turistas pela simplicidade e delícia. Trata-se de um irresistível sanduíche com recheio de lascas de tucumã, banana-da-terra frita e queijo coalho. O coquinho é descascado manualmente com faca e então se retira a polpa em lascas, como se se estivesse tirando pétalas. Não sei se a comparação se confirma, mas senti que o tucumã está para Manaus e cidades do Amazonas como o açaí está para Belém. O x-caboquinho está por toda parte e tem sua versão no beiju de tapioca, individual ou familiar – em Itacoatiara, em um café regional de beira de estrada, a familiar era um disco de tapioca do tamanho de uma pizza, coberto com muito queijo e lascas de tucumã. Há variações de tamanho também no pão. Ainda em Itacoatiara, à beira do rio Amazonas, temos x-caboquinho e x-cabocão, tamanho gigante. As lascas de cor de cenoura são vendidas em saquinhos nas feiras pra gente comer como petisco ou levar pra casa pra se refestelar.

    Tenho uma grande amiga, Dona Jerônima Brito, que nasceu na Ilha do Marajó, no município de Soure, e, com exceção de alguns anos em que viveu no Rio e em São Paulo, onde criou os filhos, nunca abandonou a terra onde nasceram e morreram seus pais. Hoje, toca com o marido, Seu Brito, a Fazenda São Jerônimo, uma das mais lindas paisagens daquele município e que oferece passeios turísticos deslumbrantes por terra firme, mangues e igarapés. É daquelas mães de amigas (sua filha Kátia, amiga de faculdade, foi a responsável por nos conhecermos) que também viram amigas, mães postiças e mestras. Grande cozinheira que é, já me ensinou tanto sobre o povo e a comida do Marajó, sobre suas criações, adaptações e ancestralidades. E tanto tenho ainda a aprender.

    Numa das vezes em que estive na Ilha do Marajó, ela me levou ao Mercado Municipal para comprarmos peixe para o almoço. Estávamos tomando café com beiju de tapioca, quando uma moça se aproximou me oferecendo "óleo de bicho" numa garrafinha de plástico. Tinha acabado de tirar, dizia. Jerônima, compradora experiente, quis abrir e cheirar a gordura feita da larva do tucumã antes de dar o veredito:

    – Pode comprar, tá excelente.

    Comprei, claro, e fiquei tão encantada com o perfume, uma mistura de ghee e coco fresco, que quis saber como era feito na prática.

Chegando à fazenda, fomos para baixo de um tucumanzeiro conferir os coquinhos secos caídos da safra anterior. Jerônima ensinou: escolha coquinhos com um furinho bem pequeno, sinal que tinha recheio de bicho – esse era o bom. Se o buraco fosse maior, significava que a larva já tinha comido toda a amêndoa, crescido e saído pra ser besouro na vida. Juntamos alguns com furos pequenos e fui quebrando entre duas pedras, cuidando para não esmagar a criatura. Mais errei do que acertei, ora lançando coquinhos ao longe que escorregavam na pedra, ora achatando a larva, sem falar nos falsos diagnósticos baseados no tamanho do furo. Mas um funcionário da fazenda chegou para ajudar e com um facão abriu os coquinhos duros com delicadeza e alto índice de acerto, deixando os bichos intactos. São branquinhos, roliços, engordados com a pura amêndoa do tucumã – muito dura, por sinal. Jerônima então assumiu a função de levar os bichos ao fogo. Com o calor, foram soltando um óleo clarinho e perfumado, com sabor amendoado. Essas larvas podem ser comidas cruas e vivas, como as ostras. Mas, depois de fritas – e até provei – são gostosas e crocantes como torresmos, pra comer com farinha. A gordura que restou na frigideira era farta e pode ser usada para cozinhar outras comidas ou como remédio para muitos males. Era gordura assim que se usava antigamente, diz Dona Jerônima. De fato, antes do uso disseminado de óleos vegetais refinados e aqueles derivados de petróleo, os óleos de cozinha e combustíveis eram extraídos de várias espécies oleaginosas, animais ou vegetais. Eram óleo de gema de tartaruga e de tracajá, de peixe-boi, de frutos de palmeiras e bichos que se alimentam deles –

morotó de licuri, coró do butiazeiro, gongos de babaçu e tantas outras larvas de besouro que se alimentam exclusivamente de amêndoas de coquinhos e por isso são ótimas fontes de gordura de ótima qualidade.

Com a polpa, Dona Jerônima faz vinho de tucumã para comer com farinha. Basta tirar as lascas, triturar no pilão ou no liquidificador, diluindo com água, e passar por peneira. Esse é o vinho que se come com farinha de mandioca. Outro uso para esse vinho é no preparo da canhapira, que Jerônima comia quando era criança e quase não se vê mais. Era simplesmente peixe ou carne de caça cozidos no vinho de tucumã. Atualmente, ela faz com outras carnes, como as de ave, de porco ou búfalo. Outra forma de preparo no Marajó, segundo Jerônima, é passar os pedacinhos de polpa na máquina de moer e triturar como carne moída para fazer sanduíches e tortas. Tem ainda o refresco de tucumã e para isso ela tem uma dica preciosa dos antigos: para evitar que a polpa triturada com água fique viscosa demais, basta bater junto uma goiabinha verde – é como tirar baba de quiabo. Depois, é só peneirar e servir bem gelado. Mas o aproveitamento da espécie não se restringe à polpa deliciosa. Ela é útil também pelo palmito, pela madeira, pelo caroço para fazer biojoias, para óleo da polpa e das sementes, pela fibra para a confecção de redes e cordas e muitos outros usos.

Mas, voltando à polpa de tucumã, é bom que se saiba que é uma iguaria amazônica que teria tudo para ser o novo açaí do mercado nacional e internacional, mas o deixemos para aqueles que têm com ele suas histórias e memórias, pois a demanda ainda é maior que a oferta. Vale lembrar que o tucumã poderia estar na merenda das escolas amazônicas como um alimento nutritivo com fortes laços identitários com a cultura local, mas infelizmente isso ainda está longe de ser uma realidade. Mais x-caboquinho ou tapiocas com castanhas e tucumã e menos bolachas industrializadas seria um sonho de merenda que fortaleceria o mercado local e ajudaria a manter a floresta em pé, já que a maior parte do tucumã consumido provém do extrativismo florestal praticado por comunidades tradicionais.

Já para quem não conhece e tem vontade de provar (e eu dou toda razão), sugiro que vivencie o tucumã em seu território. Fiquemos com nossas pitangas, uvaias e ubajaís da Mata Atlântica (falo aos que, como eu, estão em São Paulo e arredores) e viajemos para nos encantar com tucumãs e outras preciosidades amazônicas. Um pequeno pacote na bagagem de volta não trará desequilíbrio ao voo nem à floresta. Se tiver sorte de estar na safra, traga ao menos alguns coquinhos para testar a receita da deliciosa canhapira que Dona Jerônima me ofereceu de cuia beijada. Só não se esqueça de que comer lá terá sempre outros componentes que não conseguimos reproduzir. De qualquer forma, compartilho aqui como ela fez.

Ela temperou com sal, uma pitada de pimenta-do-reino, alho socado e suco de limão a gosto um quilo e meio de pernil de porco num só pedaço, colocou dentro de uma vasilha, tampou e deixou pegando o tempero na geladeira, de um dia para outro. Em óleo quente, numa panela de barro, refogou o pernil já bem impregnado com o tempero, cobriu com água quente e deixou cozinhar em fogo baixo, sempre repondo a água para o caldo não secar, até que a carne ficou macia e já não restava mais líquido nenhum. Foi virando a carne na gordura que restou até que ela ficasse bem dourada. Então, passou para uma tábua, cortou em pedaços, devolveu à panela e despejou sobre ela umas duas xícaras do vinho grosso de tucumã (batido com água e coado) e algumas ervas do quintal – cipó-de-alho, chicória e alfavaca. Deixou ferver um pouco, provou o sal, corrigiu ao seu gosto e pronto.

O prato ancestral era muito mais simples, diz Dona Jerônima, mas ela gosta de incorporar outras técnicas e eu não tenho de que reclamar, pois tudo o que ela cozinha é maravilhoso, especialmente porque tudo é feito no fogão de lenha, que, pela proximidade, conferiu ao caldo amanteigado, cremoso e com certa doçura, um toque de fumaça. Foi só colocar na cuia, acrescentar um pouco de farinha e comer de colherada sentada no banco de madeira junto à parede de madeiras mal juntadas que deixam entrar luz.

Quando penso em sociobiodiversidade, gosto de fazer propaganda do Festival do Umbu, no sertão do São Francisco, na Bahia, onde conheci a tal da macambira. Geralmente tenho alguma participação na programação. Na edição de 2024, fui curadora do concurso de melhor pãozinho de forno de lenha, tradição de Uauá, cidade onde acontece o festival.

O bom do encontro, além da extensa programação cultural e política, é a imersão no ambiente da Caatinga, que acaba acontecendo naturalmente. Num momento, você está ali ao lado de uma pessoa assistindo a alguma palestra, no outro, depois de uma conversa casual, já está visitando sua roça, conhecendo sua produção e aprendendo sobre as coisas do sertão.

Para um turista à procura de aventuras gastronômicas envolvendo a fruta símbolo da Caatinga, o Festival do Umbu pode não corresponder à expectativa da exploração fácil, que chega através de um pacote comprado. Você não vai encontrar ali chefes em barracas com pratos à base de umbu nem muito assunto exatamente sobre a fruta – pelo menos não do jeito que a gente costuma ver em festivais que homenageiam um produto. Não se engane. É que para quem vive ali tudo parece tão óbvio que nem precisa alardear. O umbu que dá nome ao grande encontro está, sim, nos produtos dos estandes, como geleias, compotas, cervejas, doces de cortar, sucos, entre outros. E também tem raridades que a gente só acha se estiver muito atenta. Da última vez que estive lá, encontrei a marmelada de umbu, que é feita apenas com a polpa pura do fruto desidratada ao sol, sem açúcar, sem cocção, uma forma segura de conservar sem refrigeração o fruto para a entressafra, pra fazer refresco ou umbuzada. Tão rara, quase ninguém mais faz. Mas a Valdinês Ferreira, de um povoado distante, ainda resiste e levou um pedaço à feira, uma placa preta e flexível, como um couro de fruta, tão na moda. De qualquer forma, o umbu está nas entrelinhas ou impregnado nas pessoas, nos animais e nas coisas. A pequena cidade, em todos os tempos, na safra ou na entressafra do umbu, é o próprio festival.

A cidade de Uauá é em grande parte pavimentada sem uma fresta sequer nas calçadas estreitas. Mas há ruas ainda por asfaltar e uma rachadurinha aqui e ali junto às paredes. Se num primeiro momento você não encontra plantas alimentícias espontâneas dando sopa no espaço urbano – busca que sempre faz parte das minhas andanças pelas ruas, para reconhecer a flora local –, você vai andando e reconhecendo um cariru ali, um bredo acolá. Encontram-se até algumas árvores de moringa, aquela árvore indiana que me fez conhecer a Shakuntala, do primeiro capítulo. E como ela se deu bem por ali, com uma profusão de folhas, flores e frutos comestíveis! Pena que ninguém a veja como planta comestível e as vagens vão secando ali mesmo.

Desde a primeira edição, quem está à frente da organização do Festival do Umbu é a Coopercuc – Cooperativa Agropecuária Familiar de Canudos, Uauá e Curaçá –, que começou com um grupo de mulheres arretadas em busca de independência financeira no final da década de 1990. Hoje, vendem-se geleia de umbu e maracujá-da-caatinga até para a Europa, e no repertório de produtos locais tem um que faz sucesso: a cerveja artesanal feita com a fruta por um cervejeiro jovem da comunidade que foi estudar fora, bancado pela cooperativa.

Para a cidade, o evento representa a oportunidade de discutir políticas públicas, questões agrárias, merenda escolar, território e tantas outras demandas que vão se acumulando. Sem deixar de lado os concursos de poesia, de pintura, as apresentações de teatro e de cantoria.

Normalmente o festival acontece em plena safra de umbu, no começo do ano, mas pode calhar de a produção ter sido fraca por causa da seca. Em uma das edições, atendeu-se a um pedido de religiosos para que a festa fosse depois da quaresma – afinal, os estandes de produtos da agricultura familiar da região, as barracas para venda de comida à noite na praça e o grande palco para shows de forró são muito animados, ficam bem juntos da igreja e não cai bem tanta alegria na época de recolhimento. Então, o umbu foi mesmo a raspa do aribé naquele ano. Aribé é um grande tacho de barro onde se cozinhavam enormes quantidades de umbu para o doce e para o vinagre – nome dado ao caldo concentrado da fruta. Atualmente, muitos aribés foram substituídos por panelas de alumínio.

Agora, por que ir a um festival em plena terra do bode, a mais de quatrocentos quilômetros de Salvador, a mais de cem do Vale do São Francisco, em pleno sertão de céu azul que nos distrai de tudo? Exatamente por tudo isso. A distância da capital contribui para a preservação dos hábitos, das lendas, da cultura. Por ali passaram o cangaceiro Lampião e seu bando – aliás, um dos seus atendia pelo apelido de Macambira –, aconteceu ali a primeira batalha da Guerra de Canudos e foi na região que Glauber Rocha gravou *Deus e o diabo na terra do sol*, chapando o céu de branco, que era pra quem visse não se perder nele, esquecendo do resto. Agora, andar pela Caatinga com gente do lugar tendo o sol quente sobre a cabeça e espinhos de toda natureza sob os pés é um presente que ninguém há de esquecer, ainda que essa situação não pareça confortável. E essa gente, pode apostar, está toda na cidade quando rola o festival. É ali que você vai encontrar seus melhores guias, homens, mulheres ou crianças que vivem na roça, e sabem tudo da flora, da fauna, das comidas, dos remédios e das lendas da Caatinga. É como ter a companhia de vários Riobaldos saídos do *Grande sertão* de Guimarães Rosa. É gente que vem de vilarejos e cidades próximas e tem sempre o verbo solto. Um é de Bendengó, outro de Caititu, ou de Cocorobó, Caratacá, Creitu, Marruá, Macururê, Curundundum, Patamuté,

Quinjingue, Quembrenguenhem, ou ali de pertinho, do Sítio do Tomás, da Serra da Besta.

Dificilmente os dias amanhecem pesarosos e cinzentos em Uauá. Pelo contrário: o céu é de um azul extravagante e as nuvens são tão brancas, fofas e próximas que parecem bolas de algodão grudadas nos galhos secos das catingueiras. Geralmente são assim os dias na época do festival. E um chuvisquinho de nada de um dia para o outro faz da paisagem esbranquiçada um tapete dourado com as folhas clarinhas e flores amarelas da catingueira, também conhecida como pau-de-rato.

Aliás, não vai ser no café da manhã do hotel em Uauá que você vai tomar um delicioso chá de flores de catingueira, mas quem sabe na casa de alguém no povoado de Caratacá ou na cidade vizinha Bendengó, onde caiu há 110 mil anos o maior meteorito de que se tem notícias no Brasil e onde se pode tomar num bar à beira da estrada a bebida servida direto da garrafa térmica em copo de plástico, sem nenhuma pompa. Tampouco servirão o chá de amburana, tão perfumado, usado mais como remédio pra dor de barriga, ou o chá de flores branquinhas de umbuzeiro cheirando a mel e servido por prazer aos mais íntimos às vezes para substituir o café e acompanhar o autêntico manuê. Manuê é o bolo de milho duro demolhado e triturado que leva, além do grão, apenas água e açúcar e é assado no forno de lenha. Dona Joana Maria de Souza vendia o bolo até pouco tempo atrás em Caratacá, mas já deixou de fazer e ninguém a substituiu.

A gente jovem da cidade está ligada a assuntos urbanos, como em qualquer lugar do mundo. Mas, no festival, a gente encontra muitos deles cursando Agroecologia e com um discurso político engajado de envergonhar a turma do deixa pra lá. Eles valorizam o conhecimento do país que, por força das circunstâncias, aprenderam a tirar o melhor proveito dos recursos naturais da Caatinga – que por muito tempo foi tida como um bioma a ser combatido. Hoje, mesmo os jovens da cidade já sabem da importância de sua preservação e dali se podem tirar o que comer, o remédio para se tratar e fibras para os artefatos cotidianos, como o gobó de carregar umbu.

Se você conseguir companhia para um dia de caminhada pelas roças, vai descobrir o verdadeiro festival do umbu. Pessoas como Dona Joana e Dona Juvita, por exemplo, me ensinaram muito do pouco que sei sobre o léxico fantástico do sertão onde reina o umbuzeiro, hoje tão reverenciado e bem tratado, em parte pelo trabalho de conscientização da cooperativa.

É o umbuzeiro que mantém suas folhas verdes quando todas as árvores já se despiram. Isso, graças à grande quantidade de água que reserva em suas batatas subterrâneas, que são comparadas às cacimbas para armazenar água da chuva a ser usada na estiagem. Mas, quando a seca é muito intensa, de um dia para outro o umbuzeiro despeja toda a carga de folhas no chão para evitar perder mais água.

Os bodes se viram bem na Caatinga e com suas pontas, como são chamados por alguns os chifres, conseguem até abrir o cacto cabeça-de-frade para comer seu miolo. Porém, a natureza se defende como pode. Os amontoados de macambira e de cansanção, a urtiga do sertão, ajudam a proteger dos bichos as plantas pequenas que vão germinando até que ganhem força para resistir ao assédio. Ninguém queira levar uma surra de cansanção, diz Dona Joana. Nem precisa ser uma surra. Um simples encosto no cansanção ou na faveleira leva à descoberta do que seria estar nu sobre o inferno de um formigueiro raivoso. Pior que isso, só mesmo se apoiar num pé de amburana-de-cheiro e encontrar em suas forquilhas uma casa de marimbondos-caboclos destemidos, que picam doído e sem piedade. Ou cair sobre os espinhos da palmatória, do xique-xique, do mandacaru, da palma de ema. Ou ainda ficar ariado e se perder na Caatinga enganado pela Caipora. Tudo é possível, mas os bodes com seus cascos fortes, esses andam bem por aqueles terrenos pedregosos e espinhentos, e você pode ir atrás deles, seguindo a veredinha que vão deixando. E, claro, sempre de sapatos.

Dona Joana diz que bode come cansanção quando não há outra coisa, mas, embora possa até engordar, é um bicho que não dura muito quando entra nesta dieta. Já a folha de umbu deixa o bode esperto, com o pelo bonito, lisinho, logo ganha peso, logo a fêmea está parindo. Essas folhas são gostosas pra gente também, ácidas como vinagreira, podem ser comidas até cruas na salada, embora não seja muito do hábito na cidade nestes dias atuais. Tampouco é comum encontrar quem ainda coma a batata do caroá, um tipo de gravatá, ou o tal mocó de macambira. Nem o miolo do cacto xique-xique assado, ou o cacto cabeça-de-frade recheado com carne de caça, preparado na brasa. Mesmo porque muitas dessas plantas já estão ameaçadas de extinção e ninguém se atreve a comer, pelo menos publicamente.

Considerada a capital do bode naquele sertão, Uauá tem a melhor carne porque ela já vem temperada, dizem os criadores. A dieta seleta, composta de frutos e folhas de umbu, macambira, quebra-facão, carqueja, favela, é complementada ainda com velame, uma erva aromática abundante na região. Os entendidos na carne sabem quando o bicho se alimentou com essa erva, que serve também para intercalar as mantas embaladas para transporte. Vai mandar bode para o filho em São Paulo? Coloca galhos de velame no meio, que é pra não estragar.

Além do velame, há outras ervas aromáticas na Caatinga, como o alecrim-do-campo, que em Uauá tem um perfume e em Canudos já é outro. O alecrim de Canudos tem folhas muito miúdas e a ramagem seca e sabe a lavanda. Quando tem oportunidade, o bode se tempera também com ela.

Acontece que quase toda a carne consumida em Uauá é de bode de sol. Ou de galinha de capoeira. De vaca, quase não há. O bode é abatido, limpo e aberto com o primor de um cirurgião a dissecar para que fique como um tapete pintado em branco e vermelho. O sal é pouco, que é só pra suar. Com o tempo seco, em cerca de 24 horas a carne já está desidratada, pronta para ser vendida no galpão coberto que é a grande atração na segunda-feira, dia de feira de rua, outro acontecimento na cidade. "De que raça é?", pergunto ao vendedor de bode. "Pé duro", responde. Tudo ali é pé duro. Porco pé-duro, bode pé-duro, gado pé-duro e galinha de capoeira, o que quer dizer que é tudo animal sem raça definida, rústico, mestiço.

E aí está o segredo daquele bode criado sem ração, só com a comida e o tempero que a Caatinga lhe dá. Pra não dizer que o bode se vira sozinho, às vezes corta--se raquete de palma ou sapeca-se mandacaru pra tirar o espinho e alimentam-se assim os bichos. Há quem cultive mandacaru só pra servir de ração aos bodes.

Era o caso do Seu Afonso Almeida da Silva, falecido recentemente, que mantinha em sua casa um banco de sementes comunitário invejável e produzia, além de maracujá-da-caatinga, uma roça de mandacarus sem espinhos desenvolvidos pela Embrapa.

    Pelo menos bode a gente encontra em todos os restaurantes e é sempre muito bom. Pode ser carne em molho ou assada, mas saiba que "assada" quer dizer frita em óleo até ficar sequinha. Dá pra ir comendo em lascas, deliciosas, com farinha. Atualmente muita gente faz assada em *air fryer*. Só falta mesmo para acompanhar o vinagre de umbu, que quase ninguém mais faz. A Coopercuc agora tem, mas pela legislação não podem chamar de vinagre, como sempre foi. Lembrando que vinagre de umbu não é límpido como aquele ácido acético que a gente conhece como tal, mas um fermentado de umbu, reduzido no fogo de lenha até ficar preto, ácido e doce sem ter levado açúcar. Pode ser comido puro com carne ou feijão, usado para fazer refresco e até umbuzada, umbu com leite, o nosso iogurte do sertão feito também com o fruto fresco maduro e cru ou inchado e cozido. Até com a marmelada – a polpa seca ao sol – se faz a umbuzada. A acidez do fruto coagula o leite e vira uma coalhada doce, frutada e perfumada.

    Carne de bode também pode ser a refeição dos padeiros quando acabam de assar a fornada de pãozinho no forno de lenha, depois de uma jornada exaustiva. Com o forno quente, aproveitam para assar (e aí sim é assado e não frito) pedaços de carne que comem como aperitivo ainda pela manhã. Numa das vezes em que estive lá, eram cinco da manhã, estava acompanhando a produção e fazendo testes com fermentação natural, e comi pão quentinho com carne de bode. Uma sensação boa indescritível.

Como já disse, as padarias artesanais têm lindos fornos de lenha e valem uma visita. Os padeiros geralmente desconhecem a fermentação natural, mas usam uma quantidade mínima de fermento biológico comprado, deixam a massa trabalhada manualmente fermentando a noite toda e assam em grandes fornos de barro de madrugada, já com o dia amanhecendo. Padarias fazem apenas pão, um ou dois tipos, além da cheba, um pão chato feito com a mesma massa do pão salgado, só que coberto com açúcar, quase como uma *focaccia* doce. E favor não confundir padaria com confeitaria, essa sim com vários tipos de pães feitos com mistura pronta, bolos, doces e outros confeitos.

Então o festival do umbu é assim, bem grande, a perder de vista naquele tapete amarelo de catingueiras. Pra ficar perfeito, só falta ter produtos de umbu nas confeitarias, nos restaurantes, nas lanchonetes e na merenda escolar. E cerveja de umbu nos bares, que ninguém é casco duro como bode.

O QUE VAI À BOCA É COMIDA

O convite da professora dra. Michelle Jacob, da Universidade Federal de Campina Grande, era para dar um curso de três noites para alunos e alunas de Nutrição e uma conferência para a comunidade sobre ingredientes locais, no campus de Cuité, na Paraíba. Michelle hoje é professora do Departamento de Nutrição e do Programa de Pós-graduação em Ciências Sociais da

Universidade Federal do Rio Grande do Norte, e está à frente do LabNutrir, um laboratório focado em biodiversidade e nutrição, que inclui uma horta com plantas alimentícias não convencionais na universidade e um trabalho multidisciplinar reconhecido nacional e internacionalmente. Depois dessa experiência, ficamos amigas e já fizemos outros trabalhos juntas, pois temos os mesmos propósitos de uma alimentação que coloque à mesa não só nutrientes, mas também cultura, direito do acesso à terra e ao alimento, justiça social, biodiversidade e sustentabilidade. Nosso trabalho mais recente foi durante a viagem a Tefé, no Amazonas, com oficinas para merendeiras das comunidades ribeirinhas.

Já as oficinas de Cuité eram apenas para alunos inscritos de vários períodos da Nutrição e pessoas da comunidade que trabalhavam com comida. Não levei nada de São Paulo, onde moro. Sabia que encontraria tudo de que precisaria ali nas feiras e roças ao redor.

Dediquei uma oficina para a mandioca – beijus e tapiocas –, outra para legumes e frutas, incluindo as verdes, como mamão e manga, e a última para ingredientes não convencionais que encontramos durante as andanças pela zona rural e até pelo espaço urbano, colhidas nas ruas de Cuité. Usamos beldroegas, bredos, folhas de palma, jaca verde e temperos da feira – cúrcuma, sementes de mostarda, grãos de cominho, erva-doce, cravo, canela e pimentas.

Alguns alunos não haviam passado ainda pela disciplina de Técnica Dietética, que nos emprestou o laboratório para a atividade. A rotina do laboratório não é diferente do que foi para mim na USP, onde me formei em Nutrição. Todo mundo de jaleco de cientista em vez de avental de cozinha, e touca descartável de centro cirúrgico em vez de lenços, faixas e cabelos presos. Normalmente, os ingredientes já são separados e vão para as bancadas dos grupos como substâncias para fórmulas. Faltam mesas nos laboratórios e sobram bancadas de inox ou granito. A comida é tratada de maneira muito protocolar – é preciso saber fator de correção, fator de cocção, rendimento etc. E isso tudo está certo. Mas faz falta um ambiente de cozinha, uma mesa colorida, umas cestas para dispor os ingredientes e o sentimento de partilha à mesa na hora da degustação, ainda que seja momento de estudo – afinal, comida é cultura em qualquer lugar, até em um laboratório. E foi isso que Michelle e eu tentamos fazer, já que era uma atividade extracurricular.

Gosto de arrumar os ingredientes todos juntos e cada um pega o que precisa. Gosto que observem a composição, que sintam atração pela forma, pela cor, pelo conjunto. Ouso acreditar que os ingredientes assim arrumados atraem olhares e ditam ideias. Nutricionista tem que gostar de cozinhar, se interessar por técnicas e por ingredientes e não apenas por nutrientes – o que vai à boca é prato pronto, é comida e não proteína, carbo, termos que a gente tem ouvido recentemente. Pelo menos essa consciência a gente já pode notar em muitos alunos mais jovens, e isso é um alento.

Na oficina, mesmo quem nunca tinha cozinhado, quem não conhecia um jiló, quem não sabia que todos aqueles temperos podem ser encontrados na feira, gostou da aventura de cozinhar com mais legumes locais e com técnicas não usuais e de confraternizar em volta de uma mesa farta.

Nossa forma de comer foi e continua sendo moldada ao longo do tempo. Afinal, a dupla arroz e feijão, embora consagrada como par perfeito em termos proteicos, nem sempre existiu. Hoje é uma combinação tradicional que ninguém ousa desfazer. Mas nossas escolhas também impactam a forma de existirmos neste mundo. Só pra ficar em um exemplo, acho que o cenário mais assustador que já vi foi uma monocultura de arroz, entre Salvaterra e Cachoeira do Arari, no Arquipélago do Marajó, no Pará. No lugar onde era Floresta Amazônica, um tapete de arroz a perder de vista, cursos de água transformados em córregos artificiais para irrigação com água parada de brilho furta-cor e uma quantidade enorme de marrecos. Atrás deles, muitos gaviões trazidos de outros cantos. Não vi nenhum funcionário durante a viagem e moradores da cidade de Cachoeira do Arari diziam ter aumentado em cerca de dois graus a temperatura já tão alta naquela região. Os problemas de desequilíbrio de fauna e flora, a contaminação das águas por agrotóxicos, a seca de nascentes, os impactos nas comunidades próximas, tudo isso daria um segundo livro. Digo isso só pra não esquecermos que nossas escolhas têm consequências.

Então um prato nacional, nutritivo, biodiverso, respeitoso à cultura, às pessoas e à terra, poderia ser menos monotemático. Poderia ter menos carne e menos arroz vindo de monocultura, que pode ser complementado com outras fontes de carboidratos, como cará, inhame, batata-doce, mangarito, cará-moela, mandioca, pupunha, banana-verde, farinha de mandioca e outros. No lugar dos feijões de caldo, como o preto ou o onipresente carioquinha, podemos ter uma variedade enorme de outros feijões e favas negligenciados ante os cultivares mais produtivos do mercado. E, pra completar, em vez da salada de alface com tomate de todo dia, uma porção generosa de vegetais variados, incluindo as plantas alimentícias não convencionais. E, claro, sempre que possível, vindos de produção agroecológica; sempre que possível, produzidos perto de você; sempre que possível, comprados perto de você. E sem desperdício, por favor.

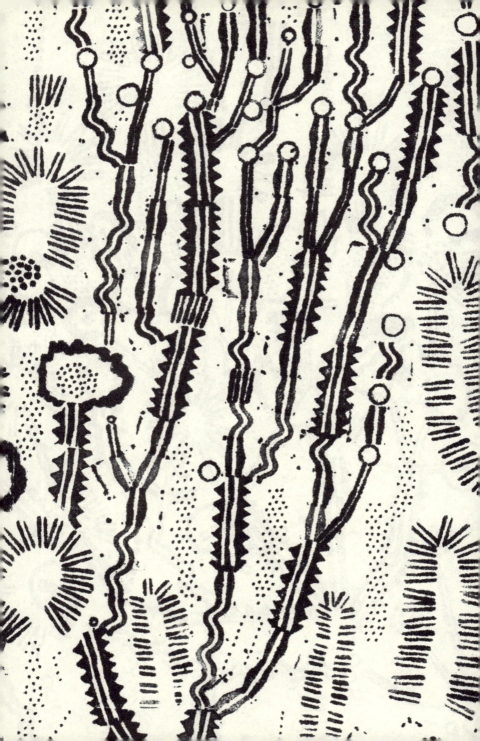

— 3 —
panc na cidade

O que é planta comestível em alguns lugares não é em outros. Uma parte da planta, bem como seu estágio de maturação, segue a mesma ideia: seu uso varia segundo a cultura alimentar de uma dada região e de um dado povo, e isso determina sua disponibilidade em feiras e mercados. Mamão verde, por exemplo, aquele ainda bem duro, sem nenhum sinal amarelo, colhido muito antes do estágio ideal para amadurecer na cesta e ser comido como fruta, não se encontra facilmente nas feiras ou supermercados, embora seja utilizado em alguns preparos tradicionais, não só em doces, mas também, como era costume na minha família e em tantas outras, especialmente na zona rural, que é ele refogado como chuchu. Macio, cremoso, pode até ser usado como a batata sem endeusar um nem menosprezar o outro. E o bom mesmo é quando a gente encontra um pé de mamão dando sopa numa praça. Aí sim dá pra colher bem verdinho. É claro que sempre haverá alguém para te dar um pito: "Mas vai colher verde pra estragar? Não tá no ponto ainda!".

Aí a gente responde que é pra doce, que está perdoado. Há uma certa empatia com os doces, percebo. O certo é que deveria ter pés de mamão por todo canto. Mamão maduro é convencional, tem em qualquer hortifrúti e é difícil de colher porque quem tem asas chega antes. Mas mamão verde é diferente, ainda não foi bicado e é até considerado Panc.

Quando o biólogo e pesquisador Valdely Ferreira Kinupp publicou o livro *Plantas alimentícias não convencionais (Panc) no Brasil* junto com o botânico Harri Lorenzi, o assunto despertou grande interesse. A sigla foi criada em 2008 pela nutricionista Irany Arteche durante o programa de pós-graduação de ambos – ela, de mestrado, e Valdely, de doutorado. O trabalho dele era sobre a identificação de espécies comestíveis no espaço urbano de Porto Alegre. Em 2014, parte das plantas estudadas entrou no livro, que ajudou a trazer à tona espécies que haviam sido invisibilizadas juntamente com a cultura alimentar associada ou que estavam em risco de desaparecer com o descaso com povos originários e comunidades tradicionais, verdadeiros guardiões de cultivares, saberes, práticas e gestos ligados à comida. Nos últimos cem anos, a agricultura tradicional foi sendo substituída por agricultura de grande escala. Territórios com roças e hortas deram lugar a terras cobertas com plantios em monocultura, como arroz, soja e milho.

Mas o livro traz ainda espécies exóticas, comestíveis em seus locais de origem, que chegaram ao país recentemente, muitas vezes com outros propósitos, se ambientaram e permaneceram quase que intocadas como alimento. É o caso, por exemplo, daquela moringa indiana de que falei no capítulo 1. E tantas outras mais.

Então, há no livro não só plantas tradicionais que nossos antepassados comiam e muitos ainda comem, mas também aquelas recém-apresentadas como comida. É claro que o projeto de agrupar plantas diferentes sob o acrônimo Panc é ambicioso quando propõe uma retomada da nossa forma de comer comida de verdade e sugere a substituição do protagonismo da indústria alimentar e dos ultraprocessados pelo alimento vegetal, incentivando nossa conexão com a terra – com o que ela nos dá – e a relação com o espaço ao nosso redor mesmo nas grandes cidades. Além disso, essa ideia valoriza pequenos agricultores que ultimamente, para atender à demanda de alimentos padronizados, tinham que arrancar de suas hortas de alface os carurus, as serralhas, as beldroegas, consideradas ervas daninhas. Hoje, podem colher e vender na feira sem que haja tanta estranheza. Graças à popularização do termo, várias plantas já caíram nas graças de quem não está nessa vida pra viver de monotonia e de vários grupos que trabalham em prol de uma alimentação saudável, que gere menos impacto ambiental e que seja mais acessível a todos.

Como as plantas negligenciadas eram um assunto que me interessava, no começo fiquei incomodada com a interpretação distorcida sobre Panc que comecei a ver especialmente no universo da gastronomia, com a gourmetização de espécies que nasciam aos nossos pés ou que meus pais e avós comiam sem precisar de rótulos. Era uma saladinha de serralha e só. Depois, fui entendendo que a má compreensão do conceito era infinitamente menor do que os benefícios que passei a ver em minhas viagens pelo Brasil. Mesmo o uso de algumas Panc em restaurantes premiados pode contribuir positivamente para a popularização e a valorização de espécies esquecidas e negligenciadas. Quando chefes conceituadas como Helena Rizzo, Ieda Matos ou Bel Coelho acrescentam em seus pratos taioba, palma, beldroega ou lírio-do-brejo, que compram de pequenos produtores, essas plantas passam a ser vistas fora dos ambientes tradicionais – na mídia – e a ser reconhecidas pelas novas gerações, que não tiveram a possibilidade de aprender com seus pais e que hoje são tão facilmente cooptadas pela indústria de alimentos ultraprocessados. E a gente sabe que a formação do preço de um prato em um restaurante tem muitos itens a serem levados em conta. Não são as Panc que vão elevar o preço de um prato, nem se tornarão inacessíveis para quem sempre as teve em seus quintais. Por outro lado, é bom saber que o ingrediente daquele prato de um restaurante caro pode nos sair de graça quando sabemos reconhecê-lo. Não é pelo fato de uma planta não convencional aparecer em um prato requintado que ela vai sumir do mercado ou de seus territórios onde tem uso ancestral. Isso simplesmente porque ela não está no mercado.

Essa foi a intenção do livro: ajudar no reconhecimento de espécies comestíveis que crescem no Brasil, sejam nativas ou exóticas, cultivadas ou espontâneas, que são tratadas como daninhas; plantas que os povos originários nos apresentaram, que os europeus invasores introduziram, que pessoas afrodescendentes em diáspora trouxeram e que todos os imigrantes continuam trazendo em suas bagagens. Além de trazer nomes populares, características da planta, origem e usos tradicionais, o livro traz exemplos de preparos na cozinha. São pratos simples, do dia a dia, sem nenhuma afetação, com as partes comestíveis ou os vários estágios do fruto, por exemplo. Mas também traz algumas propostas inusitadas que servem de inspiração, sempre com ingredientes baratos e acessíveis.

O livro trata, então, da comestibilidade de espécies que não estão presentes no mercado ou na nossa mesa ou estão, mas em comércios restritos, em regiões específicas, em poucos lares e restaurantes. Eu sempre uso como comparação o pimentão ou o tomate, que a gente encontra em supermercados de norte a sul – diferentemente, por exemplo, da ora-pro-nóbis, tão comum em Sabará, Minas Gerais, ou da taioba, folha de qualquer quintal de Itabirito, só para ficar nas cidades mineiras. Em muitos municípios, Brasil afora, embora essas plantas continuem crescendo com todo vigor, não estão presentes nas feiras nem nos mercados e as pessoas nem sequer sabem que são comestíveis.

E, como Panc é uma classificação extrabotânica, não existem certo e errado e ninguém precisa nomear assim o que come ou sempre comeu, já que os autores do livro não ganham *royalties* por espécie incluída. Ao contrário: se a forma de se adquirir alimento nas cidades grandes é na feira ou no supermercado, que a planta esteja nesses lugares, que seja comprada de agricultores locais, e que seja excluída da próxima edição do livro. Isso não vai excluí-la dos espaços públicos, das hortas comunitárias e dos quintais, mas estará acessível a todos. E se o termo Panc incomoda, é só chamar pelo nome da planta, como você a conhece, como o seu povo conhece, que está tudo certo também. O importante é incluir essa diversidade na sua alimentação. Aliás, eu não gosto muito de ver no cardápio de restaurantes ou de qualquer cozinha pratos nomeados como "salada Panc", "sopa Panc", "pão Panc". Gosto do nome das plantas, já que Panc não representa um grupo coeso e uniforme. Não é muito mais atrativo "salada verde com folhas de beldroega e flores de capuchinha"? Afinal, a gente come planta, e não siglas. Além disso, o termo engloba plantas e partes muito diferentes entre si: sementes, folhas, raízes, tubérculos, plantas aromáticas, flores, coquinhos, frutas etc. Então, o que significa uma "sopa Panc"? Não diz muito. Ainda assim, é melhor incluir essas plantas que ignorá-las. Aos poucos, vamos aprendendo a dar nomes corretos ao que comemos.

As Panc são um chamado para a autonomia alimentar, para a ampliação dos hábitos alimentares, para o resgate de conhecimentos que foram depreciados e esquecidos; são um convite para olhar ao redor. No livro, há várias plantas que eu provavelmente nunca vou comer e, se comer, vai ser no Sítio Panc, em Manaus, onde Valdely tem plantas amazônicas que não existem aqui em São Paulo. Quando eu for lá, vou comer e posso até trazer para plantar aqui, mas não vou mandar trazer uma Panc de longe somente por um desejo meu de comê-la. As Panc sugerem outra relação com o território e com a sazonalidade. Eu vou comer o que cresce perto de mim, o que planto no sítio, o que tenho no quintal, o que trago de viagem ou o que as pessoas me dão de presente. E agora a gente já encontra algumas dessas plantas em feiras de produtores e até em feiras de rua. Outro dia, vi ora-pro-nóbis na feira de rua do meu bairro, produzida pelo próprio feirante. Aos poucos, os clientes vão se acostumando e normalizando a presença delas.

Agora, fico meio brava quando me procuram no inverno querendo saber onde se pode encontrar uma determinada espécie de verão (ou vice-versa)! Em se tratando de Panc, não podemos fazer um cardápio incluindo espécies desconectadas de sua natureza. Às vezes procuram por plantas em biomas onde elas não existem, relacionando-se com elas como um objeto de desejo, no pior sentido da mercadoria. E não adianta, são consideradas Panc justamente as plantas que não se sujeitam às regras da homogeneização do mercado. São rebeldes por natureza, têm seu tempo e suas formas. Como diz a Irany Arteche, Panc também pode ser "Pensamento Alimentar Não Convencional", pois cozinhar com elas requer rever conceitos arraigados – penso em uma receita, vou ao supermercado e compro os ingredientes. Mas as Panc não são como mangas tipo exportação, que à força de artifícios podem estar no mercado em qualquer região, em qualquer estação do ano.

Claro, há as espécies que produzem partes comestíveis naturalmente durante boa parte do ano e conhecer essas espécies e suas especificidades nos dão liberdade para criar. Essas plantas, contudo, são o avesso daquelas apreciadas pelo mercado convencional como comida. Elas são comidas que podem ser vendidas, sim. Afinal, viver em sociedade pressupõe trocas de especialidades, produtos e serviços, especialmente quando se vive em uma cidade como São Paulo, com suas periferias de casas sem quintal e bairros sem praças. E também porque pequenos produtores, agricultores familiares e de assentamentos encontraram nas Panc uma forma de diversificar as espécies cultivadas, com menos custo, já que várias folhagens consideradas Panc são mais rústicas, exigem menos cuidado, menos água, menos insumos, resistem a secas e se encaixam melhor no modelo agroecológico, com respeito à sazonalidade e ao território. Mas elas também podem ser públicas e estar acessíveis em espaços comunitários, e por essa mesma razão desafiam as pessoas que só sabem cozinhar aquilo que é comprado nos supermercados. Se houver um mamoeiro crescendo na rua, plantado por passarinhos, muita gente vai preferir continuar comprando no mercado a colhê-lo, porque plantar e colher comida ainda está relacionado à pobreza. Se os jardins comestíveis sempre foram vistos com maus olhos, como se destinados às pessoas que não podem comprar no mercado, imagine então colher comida nas praças e hortas urbanas.

Não sejamos ingênuos de achar que podemos acabar com a fome estimulando pessoas a colherem alimentos nas ruas e praças. Muita gente me diz isso: "Poxa, com tanta comida nas ruas, por que as pessoas ainda passam fome?", como se fosse simples assim. Os motivos para isso dariam outro livro. E, sim, muita gente colhe comidas não por opção, mas por necessidade. A gente sabe que são necessárias políticas públicas sérias e abrangentes nesse processo. E isso envolve temas como cultura alimentar, acesso à terra, acesso ao alimento, alimentação escolar, educação nutricional nas escolas, hortas escolares, cozinhas comunitárias, divisão de tarefas, moradia, saúde, transporte e tantos outros aspectos relacionados ao modo de vida digno e justo.

Mas podemos pensar nas Panc como um caminho para nos libertar ao menos em parte das cadeias de produção das espécies convencionais que são tratadas meramente como mercadorias, cujo valor final tem embutidos os custos de pesticidas, conservantes, transporte, embalagem, aluguel, mão de obra e desperdício com transporte e produtos fora do padrão. Enfim, temos aí um alimento desprovido de tudo o que faria dele um alimento de verdade.

No bosque atrás de minha casa, em um bairro residencial da zona oeste de São Paulo, há picão-branco, picão-preto, tanchagem e uma quantidade razoável e diversa de Panc, cada uma ao seu tempo e especialmente no verão chuvoso. O picão-branco (*Galinsoga parviflora*) por aqui é mais conhecido popularmente como remédio para icterícia de crianças, mas na Colômbia, por exemplo, é uma erva aromática como nossa salsinha. Conhecida como guasca, depois de cozida, tem sabor e perfume de alcachofras, prima da mesma família. É usada em uma sopa deliciosa feita com milho-verde, batatas e frango. E, nesse prato, nada substitui a guasca, que lhe confere uma característica aromática inigualável. Então, sempre que está na época, eu colho guasca e faço a sopa e outros preparos como omeletes, tortas etc.

Alimentar-se dessas ervas que brotam espontaneamente em frestas ou plantadas por pássaros e pessoas em praças e canteiros é uma forma de participar da cidade não apenas comprando, mas, sim, conhecendo de fato a natureza de nossa aldeia. Você conhece as árvores que crescem no seu quarteirão? Onde vivem as abelhas nativas e sem ferrão que polinizam as flores ao seu redor? Quais são as ervas sazonais de verão e de inverno? Quais os nomes dos pássaros que gostam de comer os coquinhos do jerivá? E aqueles que beliscam os frutinhos de ubajaí? Já viu o pequeno calango tomando sol no chão ao lado da árvore do ipê de flores comestíveis onde vive?

Comer Panc não é só ir à feira e comprar (embora possa ser para um número pequeno de pessoas). Penso que, para a maioria que passou a incluí-las no seu cardápio, seja mais que isso. Pressupõe um olhar público, coletivo. Passamos a ver a cidade como espaço de pertencimento, de território, mesmo nas metrópoles, pois grande parte das espécies comestíveis nos acompanham ainda que tentemos fechar as frestas com cimento. Passamos a nos incluir na paisagem.

Para muita gente, há o medo da contaminação por bichos, gatos e cachorros, muitas vezes justificado, mas outras vezes não. Colher ervas rasteiras beirando um poste só se justificaria se não houvesse opção do que comer e, ainda assim, você teria que cozinhar para matar ovos de possíveis parasitas. No entanto, colher flores de um ipê para uma salada, folhas de manjericão-cravo para um chá aromático ou uma jaca verde para um delicioso curry, por que não? Ah, mas e os passarinhos? Respondo que estão por toda parte, a não ser que a alface do supermercado seja cultivada em Marte. Agora, no caso das minhas guascas para a sopa, não resisto. Estão em um local protegido e jamais como cruas.

E como a gente aprende a identificar essas plantas para não cair em armadilhas e acabar comendo uma espécie venenosa? O conhecimento sobre plantas comestíveis geralmente vinha de família, por transmissão oral. Eu aprendi muito com meus pais, tios e avós, mas grande parte do que sei hoje veio das viagens, das conversas com agricultores, com feirantes, família de amigos, de pesquisas em sites, artigos e livros. E, ainda mais recentemente, de redes sociais, onde há farto material de divulgação de espécies silvestres, espontâneas e negligenciadas no mundo todo.

Seria ótimo se as plantas tivessem um marcador como uma bolinha vermelha que indicasse sua comestibilidade. Infelizmente a gente tem que conhecer uma a uma, como se dá com as pessoas. Isso nos obriga também a saber sobre as plantas venenosas para ficarmos longe delas.

O fato é que não há uma lista definitiva de todas as plantas alimentícias do mundo, e não há como saber a não ser a partir de registros etnobotânicos ou do que nos conta quem faz uso delas. Mas, como está no livro do Valdely Kinupp, uma das listas mais completas traz mais de 12 mil espécies com potencial alimentício. Outra mais recente estima esse número em 30 mil espécies, cerca de 10% da biodiversidade no mundo. Dessas, 7 mil espécies foram cultivadas ou colhidas com finalidade alimentícia ao longo da civilização. E, ainda assim, segundo Valdely, 90% do que se come mundialmente vem de apenas vinte espécies, das quais muitas variedades foram extintas, como é o caso do milho, dos feijões etc. As variedades vão sendo selecionadas e modificadas geneticamente para que tenham uniformidade de padrão no plantio, na colheita, no armazenamento e transporte e se adequem ao modelo de plantio tecnológico que dispensa grande parte dos postos de trabalho. Assim, tivemos nos últimos anos uma enorme perda de diversidade alimentar dada por essa erosão genética. Cadê os milhos coloridos de palhas fartas e os feijões de todas as cores?

Então a ideia é que, em vez de aceitarmos esse caminho cada vez mais afunilado, voltemos a ter a biodiversidade com todo o seu potencial alimentício. Nesse sentido, os livros de identificação são super importantes para a confirmação, mas sempre recomendo antes um treino do olhar. Por que a gente não confunde uma alface com um maço de mostarda? Ou uma maçã com uma pera? De tanto ver nos mercados e feiras onde estão expostos aquilo que devemos comer ou nos nossos pratos, desde a mais tenra idade. Então, acredito que um bom começo é conversar com pessoas mais velhas, frequentar feira de produtores, feiras de rua de cidades diferentes, feiras de trocas, encontros de agroecologia, eventos assim. Podemos conhecer, pegar, cheirar, fotografar, conversar a respeito, levar pra casa e experimentar. Vamos assimilar aos poucos e incluir na nossa vida devagar.

Além disso, nem só de ervas, mais facilmente confundíveis, se forma o repertório das Panc. Se pensarmos só nas partes não convencionais ou nos estágios não convencionais, também considerados como tal, a gente pode incluir sem medo uma dezena ou mais de espécies conhecidas. Muitas frutas que comemos maduras podem ser consumidas verdes e muitos legumes comuns que encontramos em feiras e supermercados podem ter partes comestíveis negligenciadas que podem ser consideradas Panc também.

A cultura alimentar é tão dinâmica como qualquer língua, em que novos vocábulos vão sendo incorporados, sem, no entanto, apagar nossa língua materna. Nossas técnicas, gestos e sistemas alimentares não precisam mudar ou desaparecer para dar espaço para o novo. Nosso arroz com feijão ou feijão com farinha continuarão existindo, mas podem ser enriquecidos, diversificados em variedades benéficas para o ecossistema.

Outra ideia para se aprender mais sobre Panc e também ervas medicinais é fazer caminhadas com quem conhece a flora local. É comum encontrar pessoas assim trabalhando como guias turísticos. Eu já tive a sorte de caminhar e aprender com guias nas Chapadas dos Guimarães e Diamantina e na Ilha do Cardoso, por exemplo. Basta começar mostrando interesse e logo a gente descobre se tem um guia apaixonado. Mas também tem aquela tia que tem um quintal e vai buscar uma erva para tempero que você não conhece. Pergunte, tenha curiosidade e verá que a diversidade está em toda parte.

Voltando às ervas, há sempre o mesmo argumento para quem não está aberto a novas experiências e quer continuar comendo seu arroz polido com feijão-carioquinha ou preto, bife e salada de tomate. "Ah, não vou comer mato, que eu não sou gado." Pra começar, todo mato tem nome. Só é mato enquanto não sabemos como chamar, e aí temos que admitir nossa ignorância. Outra, é que Panc engloba todos os grupos de alimentos vegetais e não só ervas. E, por fim, gado que é gado também adora chuchus, quiabos, tomates, abóboras ou o que se dê a ele.

Outra desculpa que costumo ouvir de quem resiste às Panc é que já comeu muito daquele alimento em tempo de escassez e que agora pode comprar coisa melhor. Algo como "não vou comer palma se posso comprar brócolis". Primeiro que não há espécies para pobre e outras para rico. O que vai mudar é o preparo ou o talento de quem cozinha. Um mesmo alimento consumido em tempos de penúria pode se dar melhor quando se tem a chance de estar acompanhado de outros ingredientes que o deixem mais apetitoso.

E isso me faz lembrar da palma ou jurumbeba (*Opuntia ficus-indica*), um cacto nativo do México e totalmente adaptado a regiões semiáridas do Nordeste, onde é cultivado especialmente como planta forrageira. A diferença entre ela e os *nopales*, como são conhecidas as raquetes ou folhas de palma no México, é que lá é um legume como outro qualquer vendido na feira e os mexicanos se orgulham de comê-lo. Já por aqui ainda há um enorme preconceito com a planta. No nosso sertão, elas são usadas como redenção para gados e caprinos na época da seca. E muita gente se sente constrangida em dizer que teve que comer as tais folhas para aplacar sua própria fome. É claro, deveria ser apenas uma misturinha a mais para completar o arroz e feijão, e nunca o único alimento, mas às vezes, durante as secas severas, era o que tinha. O que constrangia era só ter isso para comer. De resto, as folhas são uma delícia, com textura de aspargo, baba de quiabo e sabor de azedinha. Servem para fazer sopas, saladas e refogados. E o fruto, esse sim mais conhecido como comestível, o figo-da-índia, às vezes aparece nos supermercados de São Paulo. Na Chapada Diamantina, as folhas são consideradas legumes e nas feiras são vendidas limpas e picadas, prontas para a panela, para o desejado picadinho de palma. Mas também podem ser colhidas pelos caminhos, só tomando cuidado com os espinhos.

    O fato é que, embora seja considerada comida de subsistência em tempos de seca e na hora do aperto, e isso muitas vezes cause traumas que devem ser respeitados, há quem tenha aprendido a apreciar essas folhas crocantes e azedinhas mesmo quando há comida farta. Uma amiga nascida no sertão da Bahia, quando viu um vaso meu com a planta vigorosa, me contou que na casa dela todo mundo comeu por necessidade, mas que o hábito se consolidou por prazer mesmo quando a situação melhorou. Assim que as folhas novas despontavam, já iam pra panela. Mas contou também que tem um irmão que come, adora, faz festa na intimidade quando tem, mas que, se alguém perguntar se ele come palma, vai negar até a morte que conheça tal planta. Nesse sentido, uma maior popularização de seu uso em pratos atrativos e deliciosos pode conseguir desfazer um trauma dessas memórias nada afetivas e substituir a vergonha por orgulho de estar consumindo um alimento gostoso, saudável, sem veneno e produzido localmente.

Assim como a palma, outras Panc têm enorme potencial de aplacar a fome e a carência de vitaminas e minerais que ainda atingem uma grande parcela da população. Segundo dados de 2023 da Pesquisa Nacional por Amostra de Domicílios Contínua (PNADC) divulgados pelo Instituto Brasileiro de Geografia e Estatística (IBGE), 8,7 milhões de pessoas no Brasil ainda enfrentam situação de insegurança alimentar e nutricional grave. Muitas outras espécies serviram como alimento de subsistência no passado, e não faltam relatos das gerações mais velhas que saíam para pegar uma verdurinha que nascia espontaneamente na roça, umas cambuquiras de abóbora ou de chuchu na horta ou uns carás nativos que cresciam na mata, como me contava minha mãe. A sopa de milho-verde com cambuquira é um bom exemplo de prato de roça delicioso que combina o milho fresco da safra com uma verdura não convencional da horta. Na minha família, o milho-verde era ralado e cozido sobre um refogado de alho dourado em banha. No final, juntavam-se ramos novos de abóbora abrandados em água quente salgada. Era comida de necessidade, mas também uma iguaria.

Plantas prolíferas em diversas cidades, porém pouco aproveitadas, como a jaqueira, por exemplo, têm muito potencial como comida não só para pessoas em situação de insegurança alimentar, mas, como se vê nos grandes centros, como substituto da carne – não pela proteína, mas pela consistência. Originária da Índia e de outras regiões do Sudeste Asiático, a jaqueira chegou ao Brasil no século XVII e desde então vem se alastrando como espécie invasora especialmente pela Mata Atlântica. Em vários municípios, as árvores vêm sendo cortadas, pois os grandes frutos têm inúmeras sementes que germinam facilmente e colocam em risco a flora nativa. Enquanto em seu berço de origem os frutos são inteiramente utilizados em todos os estágios, por aqui só recentemente seu uso tem sido visto com mais frequência, principalmente depois do lançamento do livro *Panc*, que incentiva o uso dela ainda verde, picada como legume ou desfiada para fazer as vezes de carne. As sementes também são comestíveis – quando jovens, junto com a polpa e, quando tiradas do fruto maduro e cozidas, como deliciosas castanhas, ricas em carboidratos. Ou seja, o consumo de seus frutos pode ser a solução não só como comida saudável, rica em nutrientes, mas também como controle biológico e seguro de sua proliferação sem precisar sacrificar as plantas.

Se ainda assim for necessário sacrificar as jaqueiras invasoras nas florestas, nas cidades elas não incomodam nem disputam com outras espécies, desde que haja espaço para elas. Na minha rua há duas jaqueiras e eu consigo colher frutos verdes, preparar e deixar os pedaços congelados para a entressafra. Como ela é comestível em todas as fases, temos uma safra estendida se pensarmos que não precisamos esperar que todas amadureçam. Podemos ir comendo aos poucos, conforme vão crescendo. Pena que nem todos pensam assim. Outro dia, andando pelo bairro, passei por uma das jaqueiras e embaixo dela havia uma pilha de jaquinhas do tamanho de abacaxis, já mofadas. Perguntei para o guarda da rua o que tinha acontecido e ele contou que o proprietário da casa mandou tirar todos os frutos porque não queria ninguém na frente da casa dele colhendo jacas. Essa mesma pessoa cortou um pé de tamarindo que produzia frutos ácidos, doces e polpudos, pelo mesmo motivo, anos atrás.

Está certo que, no caso das jacas e seus diferentes estágios de consumo, há um certo trabalho pela frente para se chegar às formas comestíveis. Tem a casca dura, um desafio para mãos fracas, e a seiva colante, que se resolve com óleo. Quando tenho jacas do tamanho de um melão ou de um abacaxi, costumo besuntar minhas mãos e a faca com óleo, apoiá-la sobre uma folha de papel, cortar em pedaços grandes e colocar imediatamente dentro de uma bacia de água. Enxáguo bem e coloco dentro da panela de pressão com água e sal para cozinhar por vinte a trinta minutos ou até amaciar. Só então descasco e corto em pedaços menores, de acordo com o que quero. É o legume preferido dos veganos para fazer recheios de tortas, moquecas, curries e uma infinidade de pratos saborosos – ela tem um sabor muito neutro e absorve bem os temperos dos pratos preparados.

Outra espécie digna de ocupar todos os espaços públicos são as bananeiras. Imagine uma bananeira por quarteirão! Por que não? E olhe que ela nem faz "sujeira" – como dizem os mal-humorados que, em vez de apreciar uma imponente amoreira, reclamam da sujeira que ela faz –, pois as bananas e todas as suas partes são comestíveis. Os frutos podem ser consumidos entre verdes e maduros em todas as fases, e temos ainda o coração inteiro, as flores isoladas, o palmito e até as folhas, que não são exatamente um alimento, mas são usadas com fins alimentícios para embalar peixes e broas entre outros preparos. Há ainda espécies de bananas ornamentais comestíveis, como a *Musa velutina*, com as mesmas partes comestíveis da banana comum, só que com lindos frutos cor-de-rosa e polpa cheia de sementes – também comestíveis. Na horta comunitária da minha rua temos um pé de bananeira que eu mesma plantei. Só uma vez consegui colher o cacho ainda bem verde. Mas fico feliz de saber que alguém colheu para comer.

E tem aquelas bananas não comerciais que, mesmo maduras, são consideradas Panc, pois são encontradas raras vezes fora dos redutos das feiras de produtores. A banana-pão (*Musa acuminata* × *balbisiana*) é uma delas, a minha preferida, que adoraria ver nas praças. Aliás, já tentei fazer isso acontecer.

Era uma tarde chuvosa quando íamos nos despedindo do sítio em Fartura, interior de São Paulo, onde meus pais moraram por um tempo e haviam vendido de porteira fechada. Já na hora de ir embora e olhar melancolicamente para trás, me lembrei de algo que gostaria de levar: uma muda da banana-pão, ou banana-figo, ou banana-marmelo, tantos nomes ela tem. Sempre fui fascinada pela aparência dessa banana bojuda, de casca amarela, às vezes manchada de vermelho, grossa, flexível, imitando couro costurado com linhas nas quinas bem marcadas. Aliás, couruda é seu outro nome. Fui até a roça de café onde estava o bananal e tirei o pedaço de um rizoma.

Em São Paulo, a muda ficou encostada à sombra no quintal sem ter destino certo. Onde plantaria uma bananeira? Até que tive a ideia de plantar na praça. Não se pode ficar plantando bananeira por aí, por isso meu companheiro Marcos e eu fomos lá discretamente numa noite silenciosa de terra molhada, fizemos uma boa cama pra ela, cobrimos com terra fofa e palhada, cercamos com estacas e saímos de fininho. Quando a muda começou a vingar e lançar folhas vistosas e brilhantes, veio o jardineiro da prefeitura com sua fatídica roçadeira e tchau, bananeira.

E assim foi acontecendo sucessivamente por uns dois anos. Ela tentando e os jardineiros cortando. Até que um dia compramos nossa própria chácara, quisemos ter nossa própria banana-pão e, como não se pode ficar vandalizando bananeiras por aí, fomos até a praça numa noite quieta e úmida com enxadão e roubamos de volta a bananeira castigada.

Hoje ela já se multiplicou e de vez em quando eu trago mudas para amigos que me pedem. Assim, vamos espalhando por aí. A produção é demorada – os frutos demoram quase meio ano para amadurecer –, mas é uma bananeira rústica e resistente à sigatoka-negra, uma doença causada por fungo que assusta produtores, pois pode dizimar uma plantação inteira.

Há tanta variedade por aí e a gente conhece só o que é conveniente ao mercado nos mostrar. Nossa vida alimentar é editada pelo mercado. Mas andando por aí vi a banana-marmelo sendo chamada por nomes diferentes, preparada de formas inventivas, e sendo apreciada por todos que a conhecem. Entre os filipinos e outros países asiáticos, a polpa pode ser usada verde como qualquer banana, como fonte de amido. Quando está amarelada, não totalmente madura, depois de cozida lembra a textura de uma mandioca ou batata e pode ser usada como se fosse uma delas. Já quando está madura, mas ainda firme, presta-se a uma infinidade de pratos salgados, com uma presença discreta do sabor das bananas com textura de fruta-pão. Cozida ou assada na casca, aberta e coberta com uma colherada de manteiga, pode substituir o pão no café da manhã e nos lanches. Para fritar, é bom que esteja mais madura, porque terá mais açúcar, que vai caramelizar com o calor e assim uma mesma técnica de preparo pode ser usada para pratos salgados ou doces. Diferentemente da banana-d'água ou nanica, não precisa ser empanada para fritar. Mesmo madura, ela fica cremosa, porém íntegra depois de frita, assada ou cozida. Uma fatia de queijo canastra por cima das fatias ainda bem quentes, por exemplo, fará um ótimo lanche, acompanhamento ou entrada. Já o mesmo preparo, mesmo com queijo, apenas polvilhado com açúcar e canela, vira uma sobremesa deliciosa, como já comi na Serra da Canastra. O mingau feito com ela verde e ralada, cozida lentamente no leite de coco, meio doce, meio salgado, comi na Ilha do Marajó, feito pela Dona Jerônima, e jamais vou me esquecer da consistência que lembrava um creme de aveia, só que muito melhor no sabor, por sua doçura quase inexistente e o sabor vivo do leite de coco fresco.

    Quando me perguntam como cozinhar com Panc, respondo que é por similaridade, pois para tudo o que tem no grupo das plantas convencionais existe um equivalente entre as Panc e muito mais. É claro que quem tem uma dieta muito restrita e monótona vai ter dificuldade em sair da zona de conforto e se deparar com preparos às vezes mais trabalhosos, como, por exemplo, lidar com a viscosidade da jaca, o tanino da banana-verde ou o pequeno tamanho das folhinhas de beldroega, só pra citar algumas. E ainda é preciso saber qual planta pode se comer crua e qual tem que ser cozida. Tirando alguns poucos desafios, basta usar as técnicas tradicionais e os preparos de costume para incluir mais diversidade à sua mesa. Muitas verduras podem ser incluídas no arroz, no feijão, na omelete. Se você faz uma torta de espinafre, experimente de vez em quando usar a taioba. Se uma Panc lembra uma batata e você sabe cozinhar com elas, comece explorando o seu talento em substituições. As Panc vieram para somar. Portanto, não pense que precisa substituir tudo o que come por espécies diferentes. Ninguém espera que façamos isso, mas que olhemos ao redor, que saibamos que nossas escolhas impactam o mundo, que aproveitemos melhor o que a terra nos dá.

Não tem nada de estranho evitar desperdício e reconhecer como alimento folhas de hortaliças que você já conhece, como as de brócolis, de repolho, de cenoura, de nabo, de rabanete ou de beterraba, geralmente desprezadas. E, se tem algumas Panc que você consegue de graça nas cidades e sem muito esforço, são essas de vegetais. Basta ir à feira e pedir, pois os clientes normalmente pedem para tirar e elas ficam ali do lado da banca, desprezadas. Então você pode levar suas próprias folhas e ainda pedir mais um maço de folhas de nabo no inverno, que são deliciosas para cozinhar junto com o macarrão, entrar na sopa ou refogar no alho como couve. Se você já come essas folhas, parabéns! Você já é um comedor de Panc.

Reconhecer as Panc na rua pode ser um estágio mais avançado. O importante no começo é estar no caminho para somar e aumentar o repertório alimentar – e, sim, diminuir e substituir alimentos ultraprocessados por plantas. É aquilo que a gente sempre ouve: troque alimentos que só precisam ser desembrulhados por aqueles que basta serem descascados, lavados, picados, ralados.

Eu sei que até a gente ganhar segurança para cozinhar com ingredientes diferentes daqueles de costume é necessário um caminho de conhecimento. Mas, quando se está com disposição para a mudança, tudo isso acontece naturalmente. Aprende-se conversando, perguntando, pesquisando e arriscando. Além do preparo por similaridade, podemos ir ganhando familiaridade através da repetição e da constância com a planta no dia a dia, sem pressa. E, se temos disposição para buscar informações, o processo pode ser menos demorado.

O que não podemos fazer é pular a fase do treino do olhar. Um olhar treinado vai saber diferenciar facilmente uma folha de coentro de outra de salsinha, pra ficarmos nas convencionais. De tanto estar frente a frente com essas ervas na cozinha, não vejo a menor possibilidade de confundir uma com a outra. Se alguém confunde as espécies, é porque não tem muito contato com as duas ou com uma delas. As diferenças são notadas mesmo que não tenhamos consciência do conhecimento. É como se os detalhes já estivessem impregnados na forma como os enxergamos. Quando essa diferenciação não se dá naturalmente com o tempo, o melhor a fazer é parar para observar os detalhes. E não precisa entender de botânica para observar a posição das folhas, se elas têm bordas lisas ou serrilhadas, como são as nervuras, comparar a cor de cima e da parte inferior, sentir a textura e a espessura, entre tantas outras particularidades. Eu gosto de fotografar de vários ângulos, observar os brotinhos de folhas, os botões das flores, o tipo de flor. Há quem prefira desenhar, o que é ainda melhor, pois não há registro sem observação atenta. E temos que lembrar também que plantas jovens são diferentes de plantas adultas e no estágio de floração e sementes. Retomo o próprio coentro como exemplo. Quando é jovem, ele tem folhas parecidas com as da salsinha, mas na floração as folhas afinam, mal guardando semelhança com a planta que a gente encontra na feira.

Esse é um aprendizado que a gente ganha nas ruas, observando as ervas do quarteirão em todas as suas fases. Embora o paisagismo urbano das Panc não seja estático, algumas ervas nascem anualmente sempre no mesmo lugar e assim podemos acompanhar sua evolução até o estágio final, que é quando dão flores, sementes e morrem, rebrotando novamente no seu tempo. Perto da minha casa, há uma planta de caruru, ou bredo (*Amaranthus deflexus*), que nasce anualmente junto a um poste há mais de vinte anos. Provavelmente suas sementinhas caem em volta dela e, como o local deve reunir as melhores condições de desenvolvimento, visto que todo o resto à sua volta é cimento, ela cresce novamente e eu sempre observo todas as suas fases. Assim, mesmo que a planta seja muito pequena e sem flores, não vou confundir com uma guasca de igual tamanho e também sem flores. E às vezes elas são muito diferentes quando jovens. Há outro local atrás de minha casa, na fresta entre a calçada e o muro da vizinha, um pouco sombreado, muito atrativo para uma das ervas que mais me atraem, e, quando chega o inverno, já fico à espreita. É a folha-pepino (*Parietaria debilis*), de folhinhas frágeis com um incrível sabor de pepino. Também conhecida como urtiguinha-mansa, é parente das comestíveis urtigas, mas sem ser urticante. Pode ser consumida crua ou cozida em pratos salgados – saladas, sopas, guisados, fritadas, bolinhos ou como finalização. Gosto tanto de comê-la crua com iogurte, como se fosse pepino. Achei melhor, anos atrás, tirar uma mudinha e plantar no meu quintal. Agora, quando é época, nasce espontaneamente, mais nos vasos que na terra livre. Ela aprecia a proximidade de alguma barreira física, como parede, ainda que seja de um vaso. Aliás, o nome do gênero, *Parietaria*, quer dizer "habitante dos muros". Seu outro nome popular, fura-paredes, também fala de suas preferências.

Então, o processo de conhecimento das plantas não é diferente daquele que envolve pessoas. À primeira vista, um grupo de trinta pessoas com as quais você vai ter que conviver durante um ano ou mais na escola, por exemplo, pode lhe parecer uma massa de corpos com suas partes anatômicas aparentemente iguais. Aos poucos, você vai conhecendo melhor quem se senta sempre ao seu lado, aprende o primeiro nome, de onde veio, do que gosta e passa a reconhecer seu rosto fora daquele ambiente. Logo passa a conhecer melhor os que estão à sua volta e no final do ano letivo, sem muito esforço, é capaz que saiba de cada uma das pessoas o nome completo, onde mora e o que faz da vida. Reconhece seu andar, seu olhar, o som de sua fala e às vezes até o cheiro. Descobrimos também um pouco sobre seu caráter. Pelo menos, até pouco tempo atrás era desse jeito. É assim que a gente ganha intimidade. É preciso contato, tempo, repetição do olhar e algum interesse.

E se a gente pode unir as duas coisas, pessoas e plantas, melhor ainda. Um mundo novo de plantas comestíveis nos foi apresentado de uma só vez: primeiro no livro das Panc do Valdely Kinupp, seguido por várias outras publicações, trabalhos de mestrado, de doutorado, cartilhas, vídeos, cursos e matérias em jornais e revistas. Algumas espécies eram totalmente novas para mim e muitas ainda são. Mas algumas são mais comuns de encontrar, mais adaptadas a ambientes diferentes, mais fáceis de incorporar, mais gostosas, mais nutritivas e começam a virar tema de conversas. Você começa a conhecer pessoas por causa delas e a descobrir outras formas de preparo nas conversas. Por isso, gosto tanto das caminhadas de observação e reconhecimento com várias pessoas. Cada uma tem suas histórias familiares para contar e acrescentar. Uma fala do bolinho da avó, outra do chazinho curativo da mãe, outra dos usos religiosos e mágicos. Há quem guarde traumas; outras guardam memórias afetivas. E trazem observações que às vezes nos passam despercebidas. Experimente se sentar para um chá de ervas com alguém que morou na roça. É conhecimento que não se esgota.

Tenho um amigo, Eudes Assis, chefe de cozinha em Camburi, no litoral norte de São Paulo, que deu a seu restaurante o nome de "Taioba", pelo valor sentimental que ela representa em sua vida. Ele está na categoria de pessoas que não guardam traumas do alimento, mas sim gratidão por ter sido a planta que ajudou sua família a passar sem fome pelos tempos de dificuldade financeira. Depois de estudar gastronomia, resolveu reverenciar sua própria cultura alimentar. A cozinha caiçara sempre teve a fama de ser uma cozinha pobre, rústica, do povo que vivia da pesca e de plantas que colhiam no mato. No entanto, seu premiado restaurante está aí para mostrar o contrário, com pratos deliciosos e cheios de significados. A taioba está espalhada por todo o litoral, onde cresce vigorosa no meio do mato, nos caminhos, terrenos baldios, em qualquer sombrinha úmida. Sua mãe preparava taioba de várias formas, quase todos os dias, e ele continua seguindo seus ensinamentos. Enquanto isso, o espinafre ainda impera mesmo em locais com fartura de taioba.

As Panc vão na contramão do conhecimento pronto e acelerado, da monocultura e da escassez, da terceirização da nossa forma de comer para a indústria alimentícia. Daqui a algum tempo, ninguém vai se sentar e conversar com emoção sobre o macarrão instantâneo com gosto de pena de galinha, do suco super doce sabor laranja cozida, do creme de avelãs, seja lá o que for a avelã, que não temos por aqui. Então, que tal começarmos hoje com nossa família, nossos amigos e nossas crianças a criar nossas próprias e verdadeiras memórias afetivas que tenham a ver com nosso povo, nossa história, nossa identidade e nosso território? Ainda dá tempo. Podemos começar uma caminhada, mesmo sem conhecer nada, só pra observar e conversar.

É HORA DE FORRAGEAR PANC

Está aberta a temporada de forrageio. Não, não está no calendário oficial. Não estou falando de abelhas à procura de néctar e tampouco temos cá estações do ano tão definidas para eleger apenas a primavera para a atividade. É só uma ideia que pode ser divertida para fazer coletivamente pelo espaço público, especialmente entre a primavera e o verão.

Todo mundo conhece o vigor com que as plantas, cultivadas ou espontâneas, despontam com a chegada das águas, como se acordassem ao menor barulho das trovoadas. Particularmente são as ervas espontâneas e comestíveis que me atraem para fora de casa quando as chuvas chegam, quando estão vistosas e saudáveis. Junto de outras espécies, como as frutíferas da época. São amoras, pitangas, uvaias, cerejas-do-rio-grande. Sem falar dos cogumelos, como a auriculária ou orelha-de-pau, fácil de reconhecer.

Nessa mesma época, no começo do outono, várias cidades europeias abrem aos moradores e turistas a temporada de coleta de cogumelos. Acho invejável essa disposição para o passeio ao ar livre, mesmo sob frio e garoa fina, com interesse não só alimentar, mas também botânico e de convívio – afinal a atividade quase sempre é coletiva, colocando em contato vizinhos e visitantes. Cada um com sua cesta de palha – que é para deixar escapar esporos –, além de guias com fotos e nomes científicos. Eu participei de uma expedição dessas em Terrassa, na Catalunha. O passeio foi organizado pela prefeitura e precisa haver uma conjunção de fatores para que aconteça. Havia tido uma boa chuva dias antes, o tempo estava nublado e a temperatura, ainda amena. Os companheiros de aventura eram dois homens e duas mulheres, todos muito motivados. Logo na subida, descobri que tenho bons olhos para perceber os cogumelos mimetizados entre folhas outonais, porém uma bola de cristal fosca para acertar os comestíveis locais. A presença do guia e dos companheiros foi fundamental e enriquecedora. Para terminar, descobri que a diferença entre espécies comestíveis e tóxicas às vezes está em um detalhe, como a cor da seiva ou um determinado anel no chapéu do cogumelo. E, como acontece com as plantas, para ter segurança, não dá para se guiar apenas pela imagem do desenho ou da foto dos livros, que pode mudar nas diversas fases – dependendo da idade, uma mesma espécie pode ter chapéu plano, côncavo, convexo, branco, rosa, roxo, uniforme, manchado etc. É bom sempre ter por perto alguém com plena segurança na identificação, pois se até catalães que aprendem sobre cogumelos no maternal morrem anualmente por acidentes ou têm seus fígados consumidos por toxinas, não somos nós, meros curiosos, que vamos desafiar a sorte. Eu conheço bem, nas diferentes fases, umas cinco espécies de cogumelos silvestres. Fora esses, não me arrisco. Seja cogumelo ou planta, na dúvida, não devemos comer.

    Então a proposta é que, enquanto nossos próprios cogumelos comestíveis não forem catalogados e divulgados (sim, já há muitos pesquisadores fazendo isso, inclusive na Amazônia), possamos ao menos sair em grupo pelas cidades com cestas para coletar ervas e frutas comestíveis que nascem nas praças, parques, calçadas e quintais.

Não deixe de levar tesoura, lápis, papel e saquinhos para acomodar as espécies e sementes colhidas separadamente. Pazinhas também podem ser úteis, já que, se a planta de interesse estiver em local não muito protegido, você pode eventualmente tirar uma mudinha para replantar em casa e depois comer as novas gerações de folhas. Mas a graça está em forragear no espaço público como se ele fosse a sua floresta, mesmo que não vá comer. O importante é observar, tocar, aprender. Você vai perceber a enorme diversidade de plantas comestíveis que nascem por metro quadrado, mesmo em uma cidade toda pavimentada como São Paulo.

Deixe em casa alguns ingredientes básicos para cozinhar em grupo na volta. Tudo o que você faria com espinafre, também o fará com quase todas as ervas que colher, mas aos poucos vai descobrindo suas particularidades. Fique de olho nos jardins malcuidados, pois elas estarão lá. Gosto de espaços assim, especialmente se estão protegidos de gatos e cachorros – e, ainda assim, devemos consumir cozidos (crus, só se tivermos segurança quanto à procedência). Vou listar apenas algumas espécies que você deve encontrar facilmente em todo o país: dente-de-leão (*Taraxacum officinale*), beldroega (*Portulaca oleracea*), língua-de-vaca ou major-gomes (*Talinum paniculatum*), serralha (*Sonchus oleraceus*), barba-de-falcão (*Crepis japonica*), mentruz rasteiro (*Coronopus didymus*), caruru (*Amaranthus deflexus* e outras espécies), buva (*Conyza bonariensis*), alho-silvestre (*Nothoscordum gracile*), tanchagem (*Plantago major*), picão-preto (*Bidens pilosa*) e picão-branco (*Galinsoga parviflora*). Lave bem, pique, cozinhe e aproveite!

Se o grupo tiver dificuldade em reconhecer as ervas, tenho certeza de que não deixarão passar espécies arbóreas como flor de sabugueiro, manga verde, jaca, pimenta rosa, banana-verde, flor de ipê, de jasmim, folhas de paineira e de moringa, monguba, amendoim de árvore, malvavisco, urucum e tantas outras.

— 4 —
comida comum

Cultivar e cozinhar são atividades inseparáveis do ser humano moderno, sem as quais voltaríamos ao Período Paleolítico dos comedores de caças e bagas de frutos achados. O problema é que nos acostumamos recentemente a delegar essas tarefas a tal ponto que perdemos a intimidade com elas. Menos com o cozinhar, mais com o plantar.

A ocupação de espaços públicos ou coletivos por hortas ou jardins de plantas úteis tem sido tendência no mundo todo por várias razões, entre elas para se falar de recursos naturais como a água, das sementes crioulas, dos orgânicos, da produção de alimentos locais, de compostagem e de cultura alimentar. Ou simplesmente como uma forma de reação gentil a uma vida nas cidades com hostilidades de todos os tipos.

Anos atrás, durante um evento de gastronomia organizado pelo Caderno Paladar, do jornal *O Estado de S. Paulo*, fui com um grupo conhecer a Horta das Corujas, na Vila Madalena, inaugurada em 2012 pela jornalista, ativista e agricultora urbana Claudia Visoni, que lançou o livro

Horta das Corujas – minha história de um pequeno paraíso em São Paulo. Claudia e um grupo de voluntários continuam fazendo daquele canto de praça um espaço emblemático para a agricultura urbana. Os outros participantes que me acompanharam na visita saíram do conforto do hotel onde estavam hospedados e onde o evento acontecia e foram levados para ver uma experiência de plantio em terra encravada num bairro residencial de São Paulo. Até nascentes os voluntários da horta haviam conseguido recuperar. Abelhas sem ferrão e borboletas rodeavam flores comestíveis, as vagens secas do feijão guandu faziam barulho de pau de chuva e joaninhas comiam seus pulgões sem se importar com nossa presença.

Que a maior parte dos alimentos que comemos sai da terra, todo mundo sabe. Segundo a FAO (Organização das Nações Unidas para a Alimentação e a Agricultura), 80% do que comemos vêm das plantas. Mas pouca gente tem a chance do contato próximo com esse substrato profícuo e essencial. E entre nós já há quem não consiga mais meter as mãos na terra com tranquilidade. Ai, os micróbios! Não sei até que ponto a experiência afetou e gerou desdobramentos nas pessoas que ali estiveram. Falo por mim, que saí bastante motivada e logo, com ajuda de alguns vizinhos, também transformei um local abandonado em uma pequena horta comunitária no quarteirão da minha casa.

Para além de cultivar algum alimento, as hortas urbanas têm sido uma verdadeira lição de cidadania, de convivência entre vizinhos que mal se conhecem e de aproximação com pedestres incógnitos, deixando a cidade mais segura e agradável. Sem falar que podemos ter em espaços comunitários plantas coletivas, daquelas que rendem frutos e folhas para um quarteirão. Poderemos ter folhas de louro frescas e evitar aquelas com gosto de eucalipto dos supermercados, ou colher umas folhinhas de erva-baleeira, que substituem com sabor e vantagens medicinais os caldos industrializados. Já pensou quantas pencas de banana tem um grande cacho? E o bem que faz mexer com a terra? Para além do reforço imunológico que recebemos da terra logo nos nossos primeiros anos de vida, parece que quando estamos com as mãos e cabeça ocupadas com terra e com plantas nos despimos dos maus pensamentos e o mundo à nossa volta se modifica. Sem nenhum desmerecimento aos profissionais da mente humana, não há participante dos mutirões que não repita que mexer na terra é como terapia. Pode não ser terapia, mas é terapêutico e pode ser parte dela – por que não?

Depois da criação da Horta das Corujas, várias outras surgiram pela cidade, incluindo a do meu quarteirão. Nem sempre a proposta dessas pequenas hortas comunitárias implantadas no meio da cidade é produzir alimento em escala para abastecer o bairro, mesmo porque muitas vezes os espaços são pequenos, como o da nossa. Mas em São Paulo há hortas maiores, geralmente mais afastadas do centro, que conseguem produzir, dividir e até vender. Projetos assim precisam receber mais apoio institucional, pois descentralizam a produção de comida, melhoram a qualidade de vida das pessoas e minimizam o impacto da poluição nos centros urbanos, melhorando o ar e formando ilhas de frescor.

Além disso, vários espaços, como a própria Horta das Corujas, são verdadeiros acervos de espécies comestíveis e medicinais que não encontramos nos mercados e que foram se espalhando para outras hortas, quintais, praças e calçadas, através de mudas e sementes levadas por voluntários e visitantes.

Desconfio que esse movimento de plantar nas cidades grandes tenha, na verdade, começado silenciosamente, sem que ninguém percebesse, com os guardas de rua, geralmente migrantes de outros estados, na tentativa de trazer um pouco da ancestralidade de suas roças para onde passam a maior parte do tempo. No meu bairro, você vai andando e logo se depara com uma guarita rodeada com uma mostra de lavoura: cana, mandioca, coentro, pimenta, feijão-de-corda, feijão guandu, erva-cidreira, maracujá e até pé de milho. É a horta dos guardiões instalada discretamente nos jardins estáticos do território que também é seu.

Claro, a recepção de alguns moradores quando se decide fazer uma horta nem sempre é feita de delicadezas como daquele que traz um suco gelado, outra que faz um bolo, cede a água ou puxa uma cadeira para ficar perto e dar apoio moral. Há gente que já chega gorando, como se vê no trecho de uma carta que recebemos de uma pessoa assim que decidimos fazer a horta. Ele não foi à reunião que convocamos para discutir o projeto, embora tivesse sido convidado, nem sabia o que plantaríamos, mas já foi avisando:

> O cultivo de ervas, hortaliças, legumes ou verduras que envolvam o consumo humano deve somente ser realizado dentro de padrões sanitários aceitáveis, conforme normas básicas da Anvisa e outras agências reguladoras.
> A praça onde se planeja construir a horta não é local hábil para tanto, vez que é de conhecimento rasteiro que, por aquele local, passam inúmeros ratos, gatos de rua,

pombos, animais rasteiros, entre outros, bem como muitos cachorros da região por lá deixam suas fezes e urina, restando assim, claro, a evidência de ser um local inapropriado para tanto.

Com o escopo de prevenir eventuais doenças e epidemias aos moradores do bairro, bem como evitar o ilícito em face do poder público, ficam vossas senhorias cientes do conteúdo deste e-mail.

Vale lembrar que a verdura comprada não é mais limpa que a taioba que cultivamos nas hortas comunitárias e que nem toda horta é formada de alfaces, uma das hortaliças que mais exigem água de irrigação. A alface embalada em saco plástico e isopor do supermercado não foi cultivada em ambiente estéril e ainda deve ter recebido banhos de pesticidas até chegar à nossa mesa. Teme-se a contaminação biológica dos espaços públicos, mas se esquece da contaminação química da agricultura de grande escala, cujos efeitos adversos são mais violentos e virão a longo prazo. Então, não nos contaminemos com a indisposição e com o pessimismo e mãos à terra.

dicas
....
Para você que quer começar uma horta.

Entre em contato com outras pessoas que pensam como você. Elas lhe darão muito mais dicas.
....
Se você tem um espaço onde plantar, seja um terreno baldio no seu bairro, um pedaço de praça ou no jardim

do seu prédio, saiba que terá muito trabalho, mas também muito apoio. Nunca comece esse projeto só. Chame pelo menos mais uma pessoa para andar junto, convidar outras, panfletar, chamar para reuniões.

....

Avalie as condições do local e a luminosidade e escolha espécies adaptadas a elas.

....

Plantas alimentícias não convencionais podem ser um bom começo, pois são mais rústicas e exigem menos cuidados.

....

Se não tiver como regar constantemente, plante na época das chuvas ora-pro-nóbis, bertalha-coração e ervas aromáticas, como manjericão, alecrim, tomilho.

....

Prefira plantas arbustivas ou mais altas às rasteiras, se não tiver como cercar o espaço. Alguns exemplos: pimentas de árvore, taiobas, louro, folhas de caril, alecrim, jurubeba, louro, cana-do-brejo, manjericão-zathar, manjericão-anis, chaya, manjericão-cravo, moringa, maracujá, vinagreira etc.

....

Se puder fazer uma composteira no local, ótimo. Do contrário, incentive os participantes a manter um minhocário em casa e doar húmus para a horta.

....

Em local sombreado, plante taiobas e hortelãs.

....

Se conseguir envolver os vizinhos imediatos do local, a rega será facilitada para o caso de não haver torneiras. E, claro, captar água da chuva é sempre desejável.

....

Pra completar, se puder, instale no meio da horta uma caixinha de abelha nativa sem ferrão, como a jataí, a mirim ou a mandaçaia.

....

POR QUE É TÃO DIFÍCIL FAZER UMA HORTA COMUNITÁRIA?

Quando iniciei, com minha vizinha Ana Campana, a Horta Comunitária City Lapa num pequeno espaço antes habitado por restos de poda grande, sacos de entulho, restos de computador e outros lixos, não imaginei que isso pudesse causar tanta indignação e descontentamento. A reunião de vizinhos convocada esteve vazia. Ninguém mostrou interesse em transformar aquele lugar por onde moradores não passavam. Mesmo assim, fomos à reunião de zeladoria da subprefeitura do bairro, contamos do projeto, arregaçamos as mangas. Foi só começar a limpar, com ajuda de outros vizinhos solidários, e colocar uma plaquinha nomeando o espaço de "Horta", que começamos a ouvir as contrariedades. Acolhemos as opiniões e alguns vizinhos foram tranquilizados com gentileza e aceitaram. Já outros queriam distância daquele burburinho. O discurso geralmente era carregado de preconceitos, com argumentos frágeis. Alguns acreditavam até que a horta atrairia para o bairro "pessoas com fome, que iriam roubar nossas couves", ou que "o pessoal da estação não iria respeitar a horta, que iria jogar lixo, que iria roubar as verduras pra comer", num discurso carregado de ódio e preconceito.

Muitas pessoas que chegam de trem à estação perto da horta são de cidades próximas, como Barueri, Itapevi,

Osasco, Presidente Altino. Ou são de bairros do lado contrário: Campos Elíseos, onde fica a Sala São Paulo; Barra Funda, onde se faz conexão com o metrô; e Lapa, minha estação preferida, onde tem o Mercado Municipal da Lapa. São porteiros, recepcionistas, professoras, guardas, seguranças, cozinheiras, estudantes, gente em movimento. Eu também chego de trem, é bom dizer, e acho um luxo ter uma estação perto de casa que me leva ao metrô em duas estações. Depois que iniciamos a horta, acabei conhecendo muitas dessas pessoas, ao menos de vista, de sorrisos, cumprimentos simpáticos e elogios à iniciativa. Eles param, um perguntando se temos guaco, outra oferecendo chuchu brotado, querendo conhecer um pé de boldo. Um pede uma folhinha de bálsamo, o outro diz nunca ter visto vinagreira fora do Maranhão, e assim seguem para o trabalho, deixando a impressão de que vão mais contentes, de que se relacionaram de alguma forma com o espaço público do lugar que também lhes pertence, agora com flores e ervas cheirosas para chá. Muitos lamentam não ter espaço assim em seus bairros pra plantar e eu fico sem palavras ao lembrar de alguns vizinhos maldizendo a horta.

O que fizemos, de início, com a ajuda da subprefeitura, foi limpar um espaço abandonado, tirar o lixo, o entulho, resto de podas, pratos com água empoçada, pedaços de computador, guarda de cama e outras tranqueiras, e substituir a braquiária alta por manjericão, boldo, capim-santo, alecrim, flores, pimentas e várias outras plantas que poderiam ser colhidas pelos vizinhos e também por quem passasse.

Com isso, os vizinhos da minha rua passaram a participar, passamos a nos conhecer melhor. Mesmo quem não participava dos mutirões levava mudinhas, chegava com água para regar e aos poucos o grupo foi ficando maior e mais animado, a ponto de atrair amigos de outros bairros para ajudar na organização de um local fresco, florido e prazeroso dentro de uma cidade quase sempre quente, impermeável e pouco amigável. Fizemos canteiros baixos e abertos para que todos pudessem entrar, passear, colher ervas. E ainda levei pra lá minha caixinha de abelhas jataís. Instalamos também uns tocos que encontramos jogados em outra rua para que as pessoas pudessem usar como banco. Antes, pedestres precisavam passar pela rua, porque calçada não havia ali. Era só um mato grande cobrindo tudo, que cortamos, tratamos como grama para formar, entre flores de cosmos, um caminho agradável para os pedestres que podiam passar apreciando a paisagem e respirando um pouco de ar puro. Na outra extremidade, a calçada estava toda quebrada e também coberta por braquiária. Substituímos o capim alto por dezenas de mudas de capim-santo ou erva-cidreira, como muitos a conhecem. Achamos que a satisfação entre os moradores do bairro era geral. Mas tudo isso começou a incomodar ainda mais – como os bancos da praça também incomodam. Para resumir a história, fomos denunciados na subprefeitura porque destruímos as calçadas e ocupamos ilegalmente o espaço público para plantar ervas. De fato, as ervas-cidreiras para chá vinham fazendo sucesso. Como há males que vêm para bem e não havia nada de errado com a horta, com a denúncia, acabamos ganhando calçamento novo em volta de toda a horta e ainda deixaram espaço para plantarmos mais capim-santo. Daquela vez, as ervas venceram e no ano seguinte colhemos 35 quilos de batatas-doces-roxas.

Hoje, a horta já tem dez anos e segue firme e forte, apesar de alguns percalços. Os mesmos vizinhos que sempre foram contra continuam enfurnados em suas casas de muros altos, continuam não frequentando os espaços coletivos, continuam comprando suas ervas em sachês nos assépticos supermercados e continuam abominando a comida pública e compartilhada. Mas já não pesam tanto.

Durante o inverno, tempo de estiagem, as folhas secam, caem, ficam amareladas, seguindo o ciclo natural, quando um jardim não estático se recolhe para se renovar, quando as folhas das cúrcumas tombam avisando que é hora de colher os rizomas. Mas o solo está lá todo permeável, se protegendo do sol forte e se nutrindo de matéria orgânica com as folhas caídas. Seguem sem água o pé de sabugueiro, guardando forças para a próxima florada; as roseiras com seus brotinhos à espreita, o malvavisco atraindo beija-flores. Sem falar naquelas cujas raízes já alcançaram as profundezas e nem se abalam com a falta de água sazonal: o pé de louro, as folhas de curry, o pé de ubajaí, os dois ipês que florescem na seca, os manjericões não convencionais, as galangas, as canas-do-brejo, a bananeira, a jurubeba doce, o garupá, a lavanda brasileira, as chananas sempre floridas, o boldo, erva preferida dos homens que exageram na bebida, a chaya dos maias, o cipó de alho amazônico e tantas outras.

E é bonito de ver quando, mesmo depois de uma estiagem severa, como aconteceu em 2014, essas plantas todas voltam com vigor e a horta se transforma numa pequena agrofloresta urbana que encanta os pássaros, a vizinhança e os pedestres. Aliás, quando disse antes que as plantas mudaram, é que com o tempo fomos percebendo quais eram as espécies mais adaptadas àquela circunstância de horta sem torneira, de horta de chuva. Muitas espécies plantadas morreram na primeira estiagem. As que se adaptaram são aquelas que estão fora do mercado, as Panc, claro. Hoje temos em um pequeno espaço uma infinidade de espécies arbóreas, melíferas, frutíferas, medicinais, com flores comestíveis e folhas aromáticas. Praticamente todas Panc.

Os mutirões continuam como momentos de troca e de conexão. Não são mais que um ou dois a cada estação, já que a maioria das espécies é perene, mas acabam virando um acontecimento que une adultos e crianças, vizinhos e convidados por rede social, multiplicando-se assim não só as espécies de plantas comestíveis – afinal, todos saem com colheitas para comer e sementes e mudas pra plantar –, mas também o desejo de uma cidade mais integrada. Outras iniciativas parecidas já surgiram depois desses mutirões. Porque comida pública é assim: quanto mais se dá, mais se tem. E gosto de estar por lá sempre que posso, pra colher alguma flor ou erva, guardar as sementes, tirar um galho seco e manter o espaço limpo.

Quanto às pessoas contrariadas, que felizmente são em número infinitamente menor que as animadas e permeáveis a mudanças, tento entender que é culpa do sistema, da desconexão total com a natureza, sem ter deixado uma fresta sequer para germinar a ínfima semente de uma beldroega minguada que seja. Que é culpa da arquitetura do medo, que as impede de olhar para fora de seus muros altos e interagir com seus vizinhos e com o espaço ao redor. Gostaria que se juntassem a nós, que sonhassem com um mundo mais justo e consciente, que participassem do mutirão, que ficassem felizes por estarmos cuidando de um espaço que pertence a todos, que tomassem bastante chá de capim-santo para abrandar as tristezas, curar as inseguranças e banir as coisas ruins da alma, enfim.

VIZINHOS E VISÕES DE MUNDO

Apesar do pequeno tamanho ocupado pela horta, muitas histórias foram geradas ali ou a partir dela. Quando começamos a pensar na intervenção do espaço, fomos falar com os moradores que faziam divisa com o terreno. Eles autorizaram a limpar, mas não imaginavam que pegaríamos na enxada pra valer e pra deixar o espaço realmente mudado. Quando perceberam a movimentação, vieram reclamar. Disseram que, se plantássemos árvore, iriam cortar e que não deveríamos plantar absolutamente nada grudado ao muro deles. Eu sabia que eles não tinham essa autoridade, mas argumentei:

– E se plantarmos só capim-santo? (Sempre ele, santificado seja.)

– Não – respondeu a mulher. – Vai juntar lixo, vai tapar a saída d'água.

– Mas e se plantarmos então hortelã, que é rasteirinha?

– Deus me livre cheiro de hortelã no nariz, não gosto nem de quibe.

Achei até graça, mas não insisti.

E aí, aos poucos, os cosmos que havíamos plantado em outro canto da horta foram dando flores, sementes. Aos poucos, mantinha aparada a grama beirando o muro ao mesmo tempo que eu ia, como quem não quer nada, como se fosse coisa espontânea, espalhando sementinhas dessas flores comestíveis bem rentes ao muro. As plantas são rústicas, cresceram rapidamente e o muro pintado de verde logo ficou adornado com lindas flores alaranjadas que atraem muitas borboletas-monarcas de mesma cor, que voam devagar, nos dando tempo para admirar. Acho que funcionou.

Resolvemos novamente conversar com os vizinhos para saber se estava tudo bem, se estávamos incomodando, se estavam chateados com a horta. Quase como magia, a moradora pareceu ter se esquecido de todos os desaforos ditos antes e respondeu docemente que não, que estava tudo certo, não incomodava em nada. *Ufa!* Mas ela disse que só tinha um problema. *Putz, lá vem*, pensei.

– É que vamos reformar o muro e talvez tenhamos que mexer um pouco nas flores, mas o pedreiro já disse que vai dar pra proteger com plástico.

Estava tão mudada que quase a vi nos oferecer um chá de hortelã. Saímos de lá aliviadas e felizes por tê-la tratado com gentileza e acolhimento na primeira vez e por termos plantado flores inodoras em vez de hortelã, que, de qualquer forma, jamais se adaptaria naquele pedaço seco e ensolarado, todo o oposto do que a erva prefere.

Durante todo esse tempo de trabalho na horta, acabo conhecendo inúmeras pessoas que passam por ali e se relacionam com aquele espaço ao seu modo, silenciosamente, se colocando como parte daquele universo, talvez retomando uma relação ancestral com as plantas que trazem no sangue e povoam seu passado de significados, longe dos trens lotados, da vida corrida, da falta de descanso, da felicidade baseada no consumo. Talvez lamentem a desconexão forçada da natureza de seu território, quando havia terra pra plantar, tempo para o descanso e distrações, terreiros pra compartilhar o entardecer, as crianças brincando. A melancolia parece ser diluída quando passam por ali e colhem umas folhas de capim-santo pra fazer chá no trabalho, ou retiram umas folhas de louro pra temperar o feijão na volta pra casa. Já ouvi muitos lamentos sobre a falta de terra pra plantar um cheiro-verde que fosse e me lembro do quintal da minha casa na periferia, quando havia jardim de utilidades, cercas com plantas enroscadas e ainda espaço pra varal. Comparo com o que vejo hoje, que são bairros com calçadas estreitas, todos os espaços ocupados com moradia, toda a terra impermeabilizada e ausência de praças. E sinto vergonha pelos que têm espaço e plantam grama ou jardins estáticos.

Um dia, cheguei à horta e encontrei um homem ali agachado, olhando, examinando uma planta. Cumprimentei e perguntei se gostava do espaço. Contou que morava havia pouco tempo em uma casa na rua que faz esquina com a horta, e que veio do Quilombo do Carmo, na zona rural de São Roque, cidade próxima de São Paulo. Disse com alegria que aquela horta era a coisa mais legal da rua, que ele estava sempre ali para colher alguma erva de cura e que no Quilombo isso sempre existiu, plantas e pessoas se relacionando com o que a terra dá, para alimentar, fazer artefatos e curar física e espiritualmente. Contou que lá também havia uma horta comunitária com muitas plantas de sua cultura e também muitas Panc. Foi falando das plantas ao nosso redor que conhecia: essas folhas de rosário (ou lágrima-de-nossa-senhora) usamos para diabetes; a malva faz um chá pra coceira de criança; a alfavaca a gente toma pra gripe e a babosa é pra queimaduras. Falou ainda que na semana anterior tinha tido uma gripe forte. Então, esteve ali na horta, colheu alfavacão, chamado também de manjericão-cravo, fez um chá e se curou. Acrescentou com orgulho que ele, como quilombola, sabia se curar só com ervas. Fiquei feliz de saber que a horta lhe foi útil, reforçando sua função também como ferramenta transformadora que nos ensina um pouco sobre a relação com a terra e com as plantas. Ele tinha que voltar pra casa, colheu folhas de colônia e não prolongou a conversa. Eu passaria horas com ele, ouvindo e aprendendo. Mas, da mesma forma que surgiu naquela tarde, desapareceu como um encanto. Nunca mais o encontrei nem na horta nem pelo bairro, ninguém o conhecia e ainda hoje me lembro dele quando vejo um pé de malva ou de rosário. Enquanto isso, vamos pisando sobre nossas ervas ao redor para irmos à farmácia comprar drogas.

Sobre hortas urbanas, há muitas experiências inspiradoras mundo afora, mas gosto de lembrar a da cidade de Todmorden, no noroeste da Inglaterra. Um grupo de amigos, em 2008, teve a ideia de criar o Incredible Edible Todmorden (Comestíveis incríveis Todmorden), um projeto para plantar comida nos espaços desocupados da cidade. Eles poderiam assim encorajar as pessoas a se reconectarem com a terra, com os ciclos das plantas, com as estações do ano e também a estabelecer vínculos umas com as outras. Alguém pode se opor a uma ideia assim? Pois é, mesmo eles tiveram que enfrentar maus prognósticos de quem ainda resistia a ações coletivas. Vizinhos diziam que não daria certo porque os canteiros de alimentos seriam vandalizados, ou que ninguém iria querer comer. Muito similar ao que aconteceu com a nossa horta.

Mas seguiram com a ideia mesmo assim e começaram fazendo uma horta no pátio da delegacia local e hoje, com aquele jardim verdejante, deve ser a delegacia de polícia mais linda do mundo. A simples presença de uma horta coletiva reforça o sentido de comunidade gentil que se implica com o redor, com o meio ambiente e com comida pública que possa ser compartilhada.

FRUTEIRAS NAS CALÇADAS

Nosso bairro ou nossa cidade podem fazer parte de nossa horta expandida e devemos, para isso, ter olhos bem abertos para os ciclos das plantas. Acordei com vontade de colher mangas pelo bairro num dia ensolarado de dezembro, com poucas nuvens algodoadas no céu, e convidei alguns amigos vizinhos. Éramos poucos e foi melhor assim. O melhor é ter vários grupos pequenos porque, é bom que se saiba, colher frutas na rua pode assustar moradores, que ficam desconfiados ao avistarem um grupo de marmanjos com varas, cestas, panos e sacolas nas mãos como se tivessem em mente as piores malvadezas. Ouvimos coisas do tipo: "não vão tirar pra vender, hein?", ou "não colham verde pra não desperdiçar" ou "não quero que colham porque fui eu que plantei as mangueiras".

As mangueiras foram todas plantadas pela prefeitura muitos anos atrás, quando ainda se plantavam fruteiras nas calçadas. E é incrível como algumas pessoas se apropriam do espaço público no pior sentido, não o de cuidar e compartilhar, mas de tomá-lo como privado. Em compensação, encontramos gente que abriu seus portões porque do lado de dentro havia as melhores frutas. Encontramos também outro colhedor de mangas solitário que acabou se juntando a nós e nos ajudando a colher jaca, pois o seu pegador era maior que o nosso e sua experiência também.

No meu bairro, quando chega a época do Natal, há muitas mangueiras com frutos no ponto de colher. No nosso caso, era só mesmo pra consumo próprio e ainda deixamos muitos para os pássaros. A todos os vizinhos que encontramos que tinham mangueiras na frente de casa, carregadíssimas, perguntamos se consumiam os frutos. A resposta: Não. Mesmo assim, muitos preferem ver as mangas apodrecerem a dividi-las com estranhos.

O fato é que colhemos não só mangas, mas também jacas, araçás-roxos, caferanas, goiabas e até graviolas, pra citar só as frutas. E, sim, colhemos mangas verdes, que são deliciosas. Não são amargas nem amarrentas. São apenas ácidas, como os limões, com a diferença de que são muito perfumadas e contêm polpa substanciosa. Com elas faço suco, sorvete, recheio de torta, molho salgado, *chutney*, salada, curry e tudo o que faria com maçãs verdes. Vamos normalizar colher frutas nas ruas? Por que não?

UMA PRAÇA, UMA ÁRVORE E UM BANQUINHO, QUE PERIGO!

Numa manhã com previsão de chuva no fim da tarde, achei uma boa hora para plantar umas marias-sem-vergonha (*Impatiens walleriana*), planta de flores comestíveis, ao redor de uma árvore que sofria com o abandono e os lixos que jogavam aos seus pés – lixos que vão de boxe de banheiro a pedaços de louças de banheiro, passando por latas de cerveja, cacos de lâmpadas, restos de papelão, coisas assim. Aproveitei que a prefeitura parecia ter levado grande parte desse lixo e precisei amontoar apenas um pouco do que ainda restava. A terra estava dura e seca, a ponto de me fazer bolha na palma da mão. Bem, contrariando a previsão, não choveu naquele dia nem nos seguintes, a bolha virou calo e tive que voltar algumas vezes mais para afofar e regar a terra até que as plantas vingassem.

Depois do trabalho, quis me sentar no banco sob a sombra da árvore, mas me lembrei de que o próximo passo programado era levar um balde com água e sabão para lavá-lo. Pode imaginar um banco onde não se pode sentar? Pois é, voltando da praça parei para conversar com o guarda da rua. Contei pra ele que alguém havia feito um vandalismo, jogado alguma coisa grudenta, e que eu iria restaurá-lo. Sem nenhum pudor, ele contou que aquilo era obra sua a pedido de um morador. Juntos, jogaram óleo queimado e ácido – afinal, o banco servia para mendigos e gente desocupada observar as casas pra depois assaltar. "Assim, se a pessoa se sentar, vai ter a roupa, e quem sabe a perna, corroídas. Além do mais, nenhum morador se senta ali."

Fiquei chocada, disse que eu me sentava, mostrei os bons motivos de um banco na praça e ele parece ter concordado. Infelizmente, esse não é um pensamento isolado. Muita gente prefere inutilizar um bem comum a ter que conviver com as diferenças que estão por aí. Disse que então tudo bem, que eu poderia lavar o banco, que ele se comprometeria a não sujar mais, mesmo que o vizinho mandasse.

A arquitetura hostil produz lugares sem praças, praças com grades, bancos com assentos incômodos e desconfortáveis para se deitar, coreto sem teto, casas de muros altos, chãos com relevo, centro de compras vigiado aonde só se chega de carro e tudo o mais que uma cidade possa ter de mais agressivo. Será que tudo isso torna nossa cidade mais segura? Claro que não. Nem segura, nem acolhedora. É preciso ocupar os espaços públicos, mostrar a cara, ir a pé ao mercadinho da sua rua ou do seu bairro, colocar a cadeira na calçada pra tomar um chá com seu vizinho e usar os bancos da praça pra tomar sol, descansar, comer seu lanche e apreciar o movimento.

No sábado, chamei apenas minha vizinha Ana para irmos lavar aquele banco. Levamos balde, escovas, água, sabão. A camada de gordura sebosa era tanta que a água escorreu sem que o sabão espumasse. Jogamos querosene para dissolver e nada. Muito braço na escovação e nada. Aí apareceu o guarda, autor da arte, que disse que não poderíamos limpar em um dia o banco que ele havia demorado quatro meses para deixar naquele estado lastimável. Até pó de vidro e graxa ele admitiu ter jogado. Pois teimamos que só sairíamos dali quando o banco estivesse em condições de ser usado. Ele aderiu à causa e foi buscar gasolina para tentar dissolver o óleo. Não adiantou. Outra vizinha apareceu com uma chaleira de água fervente. Também não funcionou. O que mais deu certo foi usar o efeito abrasivo de um pedaço de tijolo.

Saímos de lá com os braços doendo, mas valeu a pena – pelo menos naquele momento. No final, enxaguamos, molhamos as marias-sem-vergonha e nos sentamos pra descansar. Poderia parar a história por aqui para não desanimar, mas acho bom que saibamos o caminho das coisas: em pouco tempo aquele mesmo banco e outros da praça foram vandalizados a marretadas.

FERMENTO PÚBLICO

Há certas coisas que são públicas por natureza. Um galhinho de ora-pro-nóbis pra plantar, umas sementes de milho crioulo ou um pedaço do fermento natural para se fazer pão. Dona Beatriz, avó portuguesa do meu genro, me contou que em sua aldeia, de onde saiu há mais de sessenta anos, só havia um pote de fermento e um forno comunitário. O fermento ia passando de casa em casa. Quem precisasse fazer pão descobria na casa de quem o fermento estava, ia buscar, reformava, tirava a parte que ia usar e deixava uma sobra na tigela para a próxima pessoa. Assim, ele estava sempre fresco para quem quisesse fazer pão. Também me lembro do "fermento de cristo" da minha infância. As pessoas ganhavam um fermento líquido já com indicação de uso e de como reformar para doar para quem se dispusesse a fazer o mesmo. Às vezes a pessoa ganhava sem ser consultada, não levava muito jeito para fazer pão e acabava quebrando a corrente.

Há muito tempo cultivo kefir, um fermentado de leite, além de kombucha, chá fermentado a partir de uma colônia de bactérias e leveduras, e o fermento do pão também composto de leveduras e bactérias. E não é tão fácil conseguir fazer do zero. Levain e kombucha só são demorados, mas a gente consegue. Já o kefir, desconheço formas de começar. Sempre fui doadora dessas três culturas, mas os pedidos que mais recebia eram de fermento de pão. Então, um dia, motivada pelos inúmeros pedidos e sobras das minhas experiências e inspirada pelo pão de Cristo e pelo fermento comunitário da aldeia portuguesa, resolvi distribuir de forma mais organizada. Comecei deixando em uma cozinha de um ponto de cultura onde havia uma geladeira comunitária. Havia dado uma oficina de pão e deixei a isca para quem quisesse. Era só entrar, abrir o potinho e retirar uma colher de sopa da massa. Para que nunca acabasse, a pessoa deveria juntar ao pote uma massa de farinha e água em quantidade igual à porção que tirou. Assim, nunca acabaria. No começo, houve empolgação, mas, com o tempo, foram esquecendo de repor e o fermento acabou. Usei o mesmo método em um instituto de venda de produtos agroecológicos e da agricultura familiar. Durante muito tempo, o pote de fermento esteve lá e, para quem quisesse, bastava chegar e pedir um pouco. A diferença é que um produtor se ofereceu para fornecer a farinha para a reforma e os funcionários se organizaram para fazer a reforma periódica, e então o modelo durou por um tempo. Também, por falta de tempo de embalar individualmente as porções, já deixei uma tigela com uns dois quilos de fermento na horta comunitária. Avisadas por rede social e orientadas a levar pote e colher, as pessoas chegavam, retiravam uma pequena porção, fechavam a tigela e seguiam as instruções de como deveriam reformar, fazer o pão e, quem sabe, também doar para os amigos. Para ninguém perder a viagem, eu pedia para irem avisando nos comentários a quantidade que tinham deixado.

O que mais funciona, no entanto, e que sigo praticando, é fazer uma massa mais firme, modelar várias bolinhas, colocar em saco plástico e avisar por rede social onde vou deixar. De vez em quando ainda deixo saquinhos na horta comunitária, mas os últimos foram no restaurante de uma amiga – nesse caso, pedi uma contribuição voluntária em prol de uma associação de Porto Alegre depois das enchentes que devastaram o Rio Grande do Sul em abril e maio de 2024. Outra vez, pedi doações de alimento não perecível para uma associação beneficente de São Paulo. De modo geral, deixo mesmo como se fossem sementes a serem plantadas e multiplicadas. E, como muita gente de fora de São Paulo me pedia, aproveitava qualquer viagem para levar umas cem bolinhas pelo menos e deixar em algum lugar conhecido, em uma praça, por exemplo, discretamente pendurados em uma árvore. Já deixei em Brasília, Goiânia, Belo Horizonte, Rio de Janeiro e Salvador. Aliás, acho que Salvador foi a última vez das viagens. Deixei uma cestinha no Rio Vermelho ao lado de uma banca de acarajé e algumas pessoas chegaram a pegar. Mas começaram a me mandar mensagens dizendo que não tinha nada. Voltei lá e perguntei para a vendedora. Ela contou que alguém chamou a polícia, que veio e levou embora a cestinha cheia. Havia passado algumas horas com amigos reformando o fermento, fazendo as porções, embalando em saquinhos e amarrando. Eram quase duzentas. Sorte que uma pessoa que conseguiu pegar se dispôs a reformar e doar para quem tinha ficado sem. Fiquei imaginando a polícia olhando aquilo e pensando o diabo das prosaicas bolinhas de fermento.

 Depois disso, não levei mais para doar em viagens, só se alguém me pede antes. De qualquer forma, sempre tenho um potinho na mala para o caso de pedidos inesperados ou para qualquer oportunidade de ensinar alguém que queira fazer seu próprio pão de fermentação natural.

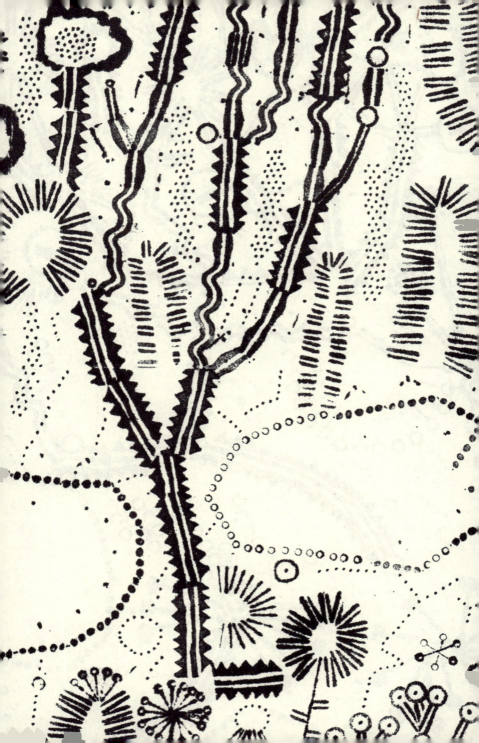

— 5 —
agricultora de frestas

O Slow Food é uma organização não governamental fundada em 1986, em Turim, Itália, pelo jornalista e ativista da alimentação Carlos Petrini, visando promover um maior envolvimento com a comida, melhorar a qualidade do que se come e valorizar o produto, o produtor e o meio ambiente. Suas várias ações incluem proteger identidades culturais ligadas a tradições alimentares – como formas de cultivo, técnicas de processamento e modos de preparo – e defender espécies vegetais e animais, domésticas ou selvagens, que correm risco de desaparecer. Sua filosofia é, então, lutar irrestritamente por um alimento bom, limpo e justo para quem produz e para quem consome.

Todo dia 10 de dezembro, comunidades do Slow Food espalhadas pelo mundo celebram o dia da terra ou Terra Madre Day. Em 2008, para celebrar, propus uma atividade que eu fazia sozinha regularmente e era uma forma de gratidão. Seria uma caminhada pela cidade para o reconhecimento de ervas espontâneas e outras espécies comestíveis. Consegui formar um grupo razoável de entusiastas. Saímos em caminhada pelo meu bairro, o City Lapa, um dos poucos de São Paulo com calçadas largas, muitas praças e ruas arborizadas. Voltamos com as cestas cheias de alimentos. Eram bananas, jacas e mangas verdes, flores de sabugueiro, pepininhos silvestres, cúrcumas e folhas diversas que foram todos para a panela e compartilhamos em um almoço comunitário, inusitado e circunstancial.

E aquilo que seria só um passeio pontual para reconhecimento, coleta e preparo de alimentos que encontramos nas ruas de uma cidade como São Paulo acabou sendo o piloto de um projeto maior, que passaria a ser regular. A expedição fez tanto sucesso, e eu gostei tanto de fazer em boa companhia o que já fazia sozinha, que criei o Panc na City, no mesmo modelo, como atividade regular. Panc, como você já sabe, é quase tudo o que a gente colhe na rua e não é lá muito convencional. Já o City é uma ironia com o nome metido a besta do meu bairro, ao mesmo tempo que nos conecta com o sentido perdido de cidade como comunidade.

Passei a organizar esses passeios com a intenção de convidar as pessoas a prestar atenção ao entorno de onde vivem, ao que brota em seus quarteirões, quais árvores crescem nos canteiros e que matos despontam nas calçadas e frestas; a olhar para as copas das árvores, observar as florações e descobrir com calma que, nesse mundo de seres vivos, não estamos sós.

A atividade consiste em algumas etapas. Primeiro, nos encontramos e temos uma conversa sobre Panc, biodiversidade e plantas urbanas. Saímos para caminhar pelo meu bairro, preferencialmente por áreas onde já sei que devo encontrar determinadas espécies. A primeira parada costuma ser na horta comunitária, que é um verdadeiro showroom de Panc. Não só as ervas espontâneas, mas também as espécies exóticas ou pouco conhecidas. Manjericão, por exemplo, temos lá de vários tipos. Ervas aromáticas são diversas. E, andando pelas ruas, vamos descobrindo plantas inusitadas, como sabugueiro com frutos, cúrcuma numa praça, folhas de caeté na calçada, ervas azedas, cheirosas, picantes.

Ao longo da expedição, vamos descobrindo outras. Paramos, identificamos, observamos, fotografamos e, se for o caso, colhemos. Depois, voltamos para casa, onde espalhamos em uma grande mesa tudo o que foi colhido, com a devida identificação. Algumas das espécies colhidas junto com outras Panc que apresento aos participantes acabam virando um banquete. É claro que já deixo alguns ingredientes pré-preparados, porque a caminhada é puxada, as conversas são sempre sobre comida e todos chegam com fome.

Na volta, temos uma mesa com pratos feitos com Panc, com o propósito de mostrar como alguns itens podem ser incorporados na nossa alimentação sem nenhuma grande estrepolia ou modificação radical no cardápio.

O legal de fazer o passeio pelas ruas do meu bairro para identificar e colher plantas alimentícias não convencionais é que a gente também se depara com espécies convencionais em locais pouco convencionais, como praças e calçadas. E o bom de fazer isso ao longo do ano é que dá pra acompanhar a sazonalidade dessas espécies.

As mudas também circulam bastante nas atividades do Panc na City: cará-moela, batata-roxa, cúrcuma, ora-

-pro-nóbis, chaya, sementes de moringa, dentre muitas outras. Os participantes costumam levar pra casa galhos e sementes das ervas que mais apreciaram e depois me mandam fotos pra mostrar o desenvolvimento. Na caminhada, mostro como tirar mudas e quando tirá-las. Se há em algum lugar apenas um exemplar, oriento para não colher. Se a planta está prestes a florir e frutificar, também peço que as deixem quietas. No caminho, é comum encontrar várias colônias de abelhas sem ferrão e, no verão, muitos cogumelos.

Esses passeios costumam atrair muita gente jovem que está começando agora a se familiarizar e se encantar com as Panc e pessoas que já são iniciadas, mas querem saber como cozinhar com essas plantas. Tem também gente mais velha, que reconhece muitas das plantas e sente saudade da comida de seus ancestrais. São encontros geralmente muito proveitosos e emocionantes.

Não só de colheita de ervas espontâneas se faz esse manejo da cidade: é possível também ser uma agricultora de frestas. Certa vez, trouxe para a cidade um pé de almeirão de árvore que havia no sítio do meu pai e o deixei crescer até florescer e virar um pompom, como o do dente-de-leão, no qual se agrupam as sementes. Com a ajuda do vento, esse delicioso almeirão se plantou pelo bairro. Quando preciso de novas mudas, recorro às frestas do meu quarteirão, onde encontraram morada e fincaram suas raízes. O grande problema é que algumas dessas ervas maiores não atingem a maturidade, que é quando florescem e dão sementes. Se estiverem em local público, os jardineiros chegam antes e dificilmente elas alcançam o final do ciclo. E assim, vão se acabando. Por isso, é importante manter essas plantas nos quintais até o final e assim não precisamos mais plantá-las. Por que não encontramos alfaces, rúculas, nabos ou brócolis nascendo espontaneamente mesmo quando são cultivados nas hortas domésticas urbanas? Porque não chegam a florescer e a frutificar. São colhidos antes. Só se reproduzem aquelas que passam despercebidas pelo pequeno porte ou têm o ciclo muito curto entre a germinação e as sementes. E a autonomia alimentar passa pela conservação das sementes.

Uma vez, visitei uma horta urbana em Madri, e a maioria das plantas cultivadas eram as convencionais de sempre, como alface, brócolis, nabos, cenouras, rabanetes e outras mais regionais. Qualquer pessoa, mesmo as que não eram voluntárias, podia chegar e colher, como acontece também por aqui. Mas me chamaram a atenção as plantas amarradas com fitas vermelhas. E logo vi a explicação: em cada canteiro, era reservada pelo menos uma planta que não poderia ser colhida e deveria ser deixada no canteiro para que desse sementes e garantisse o plantio da nova safra. Por isso, mesmo nas frestas, não devemos colher tudo o que tem. As sementes garantem a comida do futuro.

Existe uma espécie de tanchagem (*Plantago major*) que hoje cresce espontaneamente no bairro e que eu nunca tinha visto antes de tê-la no meu quintal. É um tipo diferente, de folhas mais alargadas e menos espessas que as mais comuns nos gramados (*Plantago australis*). Ela prefere terra úmida e local mais sombreado. Adoro prepará-la como couve; tem um sabor suave de cogumelos. Trouxe a planta do bairro de Pinheiros, perto do bairro onde moro. Era um dia quente, cinzento e chuvoso, precedido por uma semana de temporais e, do carro, avistei a planta que crescia vigorosamente sobre um amontoado aconchegante de folhas mortas e lama no meio-fio, à sombra de uma árvore. Ela se curvava com a força da enxurrada, mas resistia com suas finas raízes se fixando à terra da fresta entre uma guia e outra. Como sabia que ali ela não teria nenhuma chance de frutificar e se multiplicar, pois logo seria arrastada pelas águas ou cortada durante a limpeza das ruas, pedi para o Marcos parar o carro, puxei a planta e ela veio com sua cama de lama junto. Meti o conjunto todo num saco e levei embora. (É claro que nessa hora a gente não pode ter apego a carros. Vão-se os carros, ficam as sementes.) Replantei na minha casa com todo o seu substrato e ela nem se ressentiu. Deu flores, frutos e sementes, que a gente mal percebe pelo tamanho minúsculo. Espalhei as sementes pelos espaços de terra do meu bairro e agora já é também espontânea por aqui – mas só quando encontra as condições ideais.

Tem também o caso da capiçoba (*Erechtites valerianifolius*). Nira, que trabalhou como diarista na minha casa por um tempo, sabendo que eu gostava dessas plantas, que ainda nem se agrupavam com o nome de Panc, sempre me falava de uma tal capiçoba que ela comia no interior do Paraná – refogadinha, com arroz, com angu. E continuava comendo em Santana do Parnaíba, onde morava e tinha um exemplar no quintal. Ela tentava me explicar como era e eu não a reconhecia. Serrilhada como a serralha, lembra a serralhinha, mas é mais alinhada. Tem flores miúdas e roxas e sementes em pompom como dente-de-leão. Perguntava para o meu pai e nada.

Como eu nunca tinha visto essa planta no sítio e nunca tinha ouvido falar dela com esse nome, apesar de meus pais também terem vivido no Paraná, pedia sempre que Nira conferisse nos matinhos e praças daqui de perto para ver se tinha capiçoba. Nada, nunca teve. Só serralha e serralhinha, caruru, dente-de-leão e beldroega. Até que, depois de muito prometer, um dia ela se lembrou de me trazer algumas folhas e um galho pra plantar. Cozinhamos, comemos e plantamos no quintal. Rapidamente a planta cresceu. Eu ia tirando as folhinhas e comendo na salada ou juntando ao arroz, ao refogado, à sopa. Mas deixava crescer. Até que cresceu mais de um metro e vieram as flores roxinhas, que se abriam em bolinhas de fios de seda carregando as sementes, não tardando a se desprenderem em revoada.

Na estação chuvosa seguinte, aqui e ali, despontaram capiçobinhas arroxeadas. Aos poucos, fui notando nas calçadas próximas a capiçoba lado a lado com as beldroegas e dentes-de-leão. Pelo menos num raio de duzentos metros da minha casa nasceram dezenas de pés. Mas é o mesmo caso daquelas que não conseguem completar o ciclo. A manutenção dela como erva espontânea depende das capiçobas maduras e altas protegidas para continuarem a brotar nas frestas por aí. Pelo menos um pezinho sempre mantenho no meu quintal até a maturidade. Nas ruas, nunca vi uma capiçoba chegar a florescer. Aliás, quando fui informar a meu pai o que era a tal capiçoba, ele disse: "Ah, por que não disse antes? É a 'bunda-mole', tem de monte nos carreadores de café". Isso lá é nome de planta, meu pai?

    Pena que o paisagismo urbano, em geral, se apresente como porções de jardins moldados, feitos de uma natureza distante e contemplativa, que as pessoas não devem tocar. As ervas espontâneas e as plantas comestíveis, por sua vez, contaminam a grama, no melhor sentido da palavra, ou seja, a contaminam com comida para humanos e insetos. A tanchagem, de que falei, gosta muito de nascer na grama. Na cidade, contudo, ela é considerada praga de grama, a ser ferozmente combatida. E também não deixam a grama florescer. Só serve mesmo de tapete. Com isso, perde-se a chance de oferecer grande quantidade de comida para as abelhas. São as plantinhas das frestas, as mesmas que contaminam os jardins e que as pessoas acham que enfeiam a cidade, que dão pólen e néctar para as abelhas pequeninas e nativas que habitam as cidades. Esses jardins plantados por pássaros, trazidos pelo vento e pelas mãos de moradores teimosos, compõem uma vida vegetal para ser tocada, comida, replicada e levada para casa, para fora dos limites do canteiro.

Outro dia, uma amiga, Daniela – que mora em Berlim, na Alemanha –, me mostrou uma foto de uma praça cheia de matinhos. Fosse aqui, logo ligariam pra prefeitura reclamando de que o espaço precisa de manutenção, que é sinônimo de poda sem critério. Mas lá a proteção às abelhas é questão política. São as abelhas que polinizam grande parte de todas as frutas, legumes e plantas forrageiras e são parceiras na preservação da biodiversidade. Por isso, a recomendação é de que deixem as plantas em paz para que alimentem as abelhas. Existe por lá até comércio de sementes de espécies para as abelhas. Em um mesmo pacotinho podem vir sementes de papoula, margaridinhas, dente-de-leão e de outras tantas espécies com flores coloridas, atraentes e melíferas. A propósito, o mundo todo anda preocupado com o sumiço das abelhas, e deveríamos atentar a isso também. Portanto, vamos despavimentar as cidades, deixar o máximo possível de solo permeável, dar espaço às plantas, deixar os matinhos dar flores – sem falar que cidades permeáveis podem ser mais adequadas ao novo cenário de instabilidade climática, com secas e inundações causadas pelo aquecimento global.

PLANTAS PARA O FUTURO

Se pensarmos numa possível ou provável escassez de água e as consequências trágicas para a olericultura tradicional centrada em monocultura de verduras frágeis e sazonais, como espinafres, brócolis, alfaces e rúculas, algumas plantas hoje consideradas pragas em alguns lugares poderão ser parte da solução para a falta de alimentos e carência nutricional no futuro.

As plantas podem ser a solução para a garantia da segurança alimentar, justamente por serem vistas como um problema para determinados ambientes. A bertalha-coração (*Anredera cordifolia*) é um bom exemplo. Mesmo contrariando todo o nosso amor pelo ser vivo em questão, essa espécie é considerada nas matas e na zona rural uma verdadeira praga. No entanto, tudo pode ser mais fácil se passarmos a devorá-la, como fazem as larvas de certos besouros (aliás, eles são a esperança de cientistas como arma biológica para duelar com a trepadeira). Vários estudos mundo afora buscam uma saída para conter o crescimento desembestado da planta quando ela escapa da vista. A espécie é nativa da América do Sul, naturalizada em vários países como planta ornamental e alimentícia e reputada como praga exótica quando pula o muro dos jardins e canteiros. Na Austrália, África do Sul, Havaí, Nova Zelândia e outras ilhas do Pacífico, ela representa um problema ambiental sério, pois domina florestas, áreas costeiras e ribeirinhas encobrindo todas as árvores como uma capa verde invencível. Quando sob controle, além de ser uma trepadeira linda, tem floração exuberante em cachos com miúdas flores brancas, delicadas e perfumadas, atraindo muitas abelhas nativas. As folhas verdes são espessas e têm um bonito formato de coração, nem sempre no desenho clássico, às vezes mais alongado. Lembram o espinafre, porém, sem aquela picância desagradável e um tanto tóxica dada pelo ácido oxálico quando a verdura em questão está crua. Cruas ou cozidas, as folhas da bertalha-coração são sempre suaves, sem amargor nem pungência, e a textura é muito macia, quase cremosa. Tudo o que se faz com o espinafre pode ser feito com as folhas da bertalha-coração. Podem ser consumidas cruas, refogadas ou cozidas, em sopas, massas, suflês, fritadas e cremes.

O exemplar que mantenho hoje no quintal, mas não na horta comunitária, pelos motivos apontados, veio de uma amiga chinesa, Ian, há mais de vinte anos. E foi ele que originou todas as plantas que tenho e já espalhei por aí. A amiga disse que era comestível, que a mãe cultivava na China, mas não sabia o nome em português. Fui mantendo a espécie por perto até descobrir um de seus nomes – caruru-do-reino – e seus usos em Minas Gerais como verdura. Mesmo mantida com rédea curta, às vezes a gente acorda e encontra uma braçada mais alta se apoiando no telhado do vizinho e por isso foi logo apelidada por aqui de "terror-do-reino". Além das folhas, possui túberas aéreas e subterrâneas também comestíveis. As aéreas são mais fartas, com claro sabor de batatas, mas tamanho de dente de alho ou até menor. Elas crescem em aglomerados que saem diretamente dos galhos e cada túbera pode gerar uma planta ou mais se não a comermos. Daí a necessidade de manter a planta por perto, e não solta na floresta.

Então, se o problema dela é a produção farta, um bom controle biológico seria o consumo das folhas e bulbilhos como alimento, como se faz na China, um dos poucos países com cultivo comercial da planta.

Uma planta ameaçadora por não respeitar barreiras pode oferecer comida o ano todo, se bem manejada. Não há horta urbana que não tenha uma moita que não pede mais que uma fresta pra instalar suas raízes na terra e, no entanto, o céu não é o bastante para a ousadia de seus galhos, que crescem sem limites rumo ao infinito.

Basta uma temporada de chuva para o pé de ora-pro-nóbis que tenho em casa ficar exuberante e, se deixar, indomável. Não parece, mas a *Pereskia aculeata* é um cacto, e dos bem espinhentos. Nativo da América tropical, pertence ao gênero *Pereskia*, os mais primitivos dos cactos, os únicos com folhas desenvolvidas. E é aí que a gente entra. Essas folhas brilhantes, gorduchinhas, crocantes, verde-escuras e nutritivas são também deliciosas. Diferentemente dos cactos modernos, com caules grossos e altamente suculentos, ele é mais fino e fibroso, com grandes espinhos na base das folhas, ou melhor, falsos espinhos chamados de acúleos, daí seu nome, *P. aculeata*, para diferenciar das *Pereskia* sem acúleos.

Hoje ele é cultivado em muitos países, como planta ornamental, por seus frutos comestíveis (groselha-de-

-barbados) ou por suas flores melíferas. E em várias cidades de Minas Gerais ele não é considerado uma Panc, pois pode ser encontrado com facilidade nos quintais e nas feiras. Em Sabará, município da região metropolitana de Belo Horizonte, o Festival do Ora-pro-nóbis, há mais de vinte anos celebra a importância gastronômica e cultural da espécie para o povo daquela cidade.

    Certa vez, plantei um no sítio dos meus pais e passamos algum tempo sem ir ao espaço onde ele estava. Quando chegamos, a planta tinha encoberto uma palmeira grande, sufocado um pé de pitanga e esganado vários pés de café. E quem chegava perto com aquele tanto de espinho? Tivemos que cortar na base e esperar secar para depois puxar os galhos. Por isso, apesar de todo mundo por aqui louvar suas virtudes, e eu faço coro, em lugares como Austrália e África do Sul ela é considerada uma planta exótica invasora, danosa para o meio ambiente e que deve ser eliminada. Se, por um lado, é ótimo que ela seja vigorosa, perene, que nos dá alimento o ano todo, por outro, forma touceiras intransponíveis, que vão se alastrando e sufocando a flora nativa. Então, assim como a bertalha-coração, é útil para cerca viva, para as abelhas e como alimento, podendo substituir o espinafre com vantagens não só nutricionais como de preparos – sua mucilagem, com a do quiabo, pode ser útil para fazer massas sem ovos, deixar a massa do pão mais macia, entre outras aplicações. Só é importante não perder o controle e mantê-la por perto.

    Está certo que se costuma exagerar em suas virtudes nutricionais em relação às proteínas, a ponto de ser chamada "carne dos pobres", nome preconceituoso e infeliz. Na verdade, as folhas frescas têm teores parecidos com os de outras folhas que costumamos comer, como o espinafre, e talvez sejam até um pouco mais ricas. O fato é que as folhas podem ser desidratadas, concentrando as proteínas e outros nutrientes, e essa farinha poderia ser usada para aumentar o valor nutricional de pães, macarrão e alimentos infantis. O mesmo aconteceria com outras folhas, com a diferença de que ela é uma planta rústica e produz folhas com fartura. De qualquer forma, embora não substituam a carne, as folhas frescas são muito saudáveis e combinam com tudo nos pratos salgados. Não é amarga ou ardida, nem tem sabor forte; os brotos são iguarias e qualquer criança come sem reclamar. E a gente continua fazendo apenas suflês de espinafre.

Mas nem todo espinafre é convencional e frágil e exige cuidados. Há uma espécie mexicana que recebe o nome popular de "espinafre de árvore", embora não seja aparentado da verdura que conhecemos como tal. É a chaya (*Cnidoscolus aconitifolius*), que vem sendo plantada Brasil afora e poderia ser a próxima panaceia a caminho – superalimentos têm que esperar a vez, até passar a moda de seus antecessores milagrosos (e eu não acredito neles), pois logo viram cápsulas e isso não é comida. De qualquer forma, inúmeros estudos comprovam o que os maias já sabiam desde a época pré-colombiana: é um alimento altamente nutritivo, rico em ferro, vitaminas e minerais e ainda tem poderes medicinais, para diabetes, por exemplo. Mesmo que não fosse tão nutritiva, ainda assim seria uma planta recomendada para todas as hortas e quintais, pois, além de não ser considerada planta invasora – ela raramente produz sementes por aqui, mas se reproduz facilmente por estacas, é um arbusto perene altamente produtivo que dá folhas o ano inteiro sem precisar de grandes cuidados. A planta que tenho na frente da minha casa chega a atingir três metros ou mais, sempre verde e farta, e o único cuidado que demanda é a poda para não bloquear toda a luz da janela. As estacas cortadas podem ficar encostadas ao muro durante meses sem apodrecer e criando raízes para serem plantadas em outros lugares.

Ela é natural da região maia da Guatemala, Belize, sudeste do México, península de Yucatán e partes de Honduras. Pode ser novidade para a maioria das pessoas, embora seja espécie comum entre hortelões urbanos, sistemas agroflorestais e nas feiras de trocas de mudas e sementes. Assim, nos últimos anos, ela tem se espalhado e frequentado a mesa de quem está atento à alimentação do futuro com baixo impacto ambiental na produção.

Como o espinafre, deve ser consumida sempre cozida e o sabor é muito agradável, como uma couve. Pode ser usada para preparos como omeletes, tortas, bolinhos, caldos verdes, recheios e tudo aquilo que se costuma fazer com outras verduras cozidas. É uma hortaliça ideal para entrar no cardápio da alimentação escolar e pode ser uma ótima fonte de renda para produtores da agricultura familiar.

E só para terminar esse assunto (sem esgotá-lo; afinal, temos muitas espécies com esse potencial), quero citar o cará-moela (*Dioscorea bulbifera*), outra Panc muito cultivada em hortas urbanas e domésticas mundo afora, mas raramente encontrada no mercado.

A espécie *Dioscorea bulbifera*, conhecida como cará--do-ar, cará-moela, cará-voador, cará-de-árvore, cará--taramela, cará-de-rama, cará-aéreo etc., tem origem afro-asiática. Atualmente o cará está espalhado em todas as regiões tropicais, embora nem sempre seja benquisto – em alguns lugares, é considerado planta invasiva. Na Flórida, por exemplo, onde foi introduzido no começo do século XX e é chamado de *air potato* (batata do ar), não querem nem ouvir falar dele. Se um pequeno cará cair sobre uma fresta, ele já dá um jeito de enraizar e se fixar por ali mesmo e seus ramos crescem rapidamente, fazendo movimentos suaves de lá pra cá até encontrar algo em que possam se ancorar. Quando chega a primavera, os galhos esguios vêm com força onde quer que o cará esteja, na fruteira ou até dentro de uma sacola. A gente quase consegue ver o crescimento em tempo real, tal sua velocidade. Eles são ágeis, sobem rentes a muros velhos, caminham junto a arames farpados, escalam retalhos de cerca e chegam tão alto quanto permite o tutor circunstancial – um poste, uma árvore, um tronco morto, um coqueiro vivo. Então imagine o estrago que pode fazer em uma floresta, sufocando e matando rapidamente a flora nativa. Por isso, ninguém se preocupa muito em plantá-lo – está sempre à toa, perto de quem o conhece e aprecia. É ainda um ingrediente versátil na cozinha, além de se conservar fresco por vários meses, mesmo sem refrigeração – diferentemente das batatas, que germinam facilmente e ficam impróprias para consumo, pois aumentam a concentração de solaninas, substâncias prejudiciais ao fígado. Ele pode ter os mesmos empregos que as batatas: rocamboles salgados, sopas, pães, purês, suflês e pratos doces como pudins e bolos. Embora o Brasil seja um grande produtor e consumidor de batatas, os carás e os inhames já tiveram sua importância na culinária regional e ainda têm em alguns lugares. Só pra ficar em São Paulo, nos vales do Paraíba e do Ribeira ele ainda é bastante usado em pratos ensopados ou ainda como chips fritos.

POMAR ESPONTÂNEO: UM DIA DE MÃO NA TERRA

Gosto de acordar cedo e me demorar um pouco no jardim antes de começar a trabalhar. São muitos assuntos pendentes e temas mutantes naquele pequeno pedaço de chão. Verifico se a estaca de flor de sabugueiro brotou, se a estufinha do manjericão está funcionando, se o limão transplantado não sentiu, se a semente de tagete germinou. Um jardim nunca está igual. Por isso, gosto de começar hortas e jardins de modo pouco prático. Seria mais fácil pensar num projeto, ir a um viveiro, trazer as mudas e plantar na terra preparada. Aí é só ir manejando, mas trabalho muito não há. Já feito assim, com sementes ou estacas, dá uma mão de obra terrível, porém o prazer de ver essas vidas se materializando e o espaço ganhando formas não tem preço.

 O fato é que às vezes o que era só uma passadinha rápida pelo quintal acaba virando trabalho de uma manhã inteira. Um dia, eu ia só tirar uns trevinhos salientes que estavam se sobrepondo ao mastruz rasteiro, mas resolvi tentar tirar também o abacate que nascia na jardineira. Puxei e logo saiu intacto, aproveitei para puxar o outro. E depois a uvaia, o abacaxi, a pitanga e mais pitanga, e limão, mexerica, cereja-do-rio-grande, nêspera, manga. Tive que encher vasos com terra e replantar tudo rapidamente para que as mudas não sentissem muito a agressão. Acontece que, quando tenho sementes ou mudas e não tenho tempo pra plantá-las em vasos, apenas as jogo displicentemente sobre a terra de uma jardineira protegida do sol onde mantenho plantas de sombra, como a salsa-do-líbano e a menta-vietnamita, pra plantar depois. E só volto a me lembrar delas quando começam a ganhar altura e formar um pomar cuspido, como dizia Nina Horta. Muitas vezes, as sementes são arremessadas ali direto da boca, caso das mexericas e pitangas. Geralmente são sementes comuns, nada de raridade. Mas também deixo ali umas coroas de abacaxi, pinhões que estão brotando, pontas de batata-doce. Se não germinam e eu me esqueço, tudo bem, viram composto. Só que, quando se fazem notar, já estão grandes e não consigo desprezá-las.

Depois de trinta e poucos vasos plantados, ainda sobraram quatorze mirtáceas diversas de tamanhos variados, que tiveram que esperar mais vasos com terra – mais trabalho para o dia seguinte. Poderia ter parado aí, mas me animei com um tantinho de cúrcuma para colher. E um pouco de araruta e outro de gengibre. E mato para arrancar, mudas para separar, estacas para plantar... Acaba que mexer com a terra como hobby é um vício manual tão bom que acalma, faz a gente esquecer da vida e ainda nos deixa mais alegres pra iniciar com atenção outra atividade mais cerebral. E é claro que não estou falando do trabalho árduo de agricultores e agricultoras que trabalham de sol a sol para garantir o sustento da família, como foi o caso da minha família (minha mãe ganhou de aniversário de sete anos uma enxadinha – não como brinquedo, e sim como instrumento de trabalho). Mas cultivar o próprio jardim e colocar as mãos na terra mesmo em áreas urbanas pode nos ensinar um pouco sobre o trabalho na terra, o desperdício de alimentos e a importância de valorizar quem cultiva o alimento que comemos.

AOS VENCEDORES, AS BATATAS-DOCES-ROXAS

Depois da reforma feita pela subprefeitura do bairro na nossa horta comunitária, motivada por denúncia de invasão de espaço público, acabamos ganhando uma calçada que não existia e uma estreita faixa de terra entre ela e o meio-fio, seguindo o modelo de calçadas verdes proposto pelo paisagismo original do bairro, que hoje é tombado. Como isso aconteceu no final do outono, quando ainda havia alguma chuva, mas uma estiagem invernal das mais severas já estava à espreita, queríamos plantar ali rapidamente uma espécie que logo cobrisse a terra, aproveitando o resquício de umidade.

Na cozinha de casa, algumas batatas-doces no copo com água lançavam suas ramas. Não eram batatas-doces comuns, mas sim das roxas, que eu havia comprado na feira de orgânicos. Também conhecidas como "batatas--roxas", são batatas-doces raras atualmente, não encontradas em supermercados ou feiras convencionais. As ramas já estavam grandes, precisando ir para a terra.

Então, voltando à horta, foram essas ramas do copo que plantamos naquela terra árida. No meio da horta também havia outras ramas da mesma espécie, que plantamos antes para crescer como trepadeira e proteger do sol a caixinha de abelhas jataís que instalamos ali, e parte delas também foi usada. A planta, além de ornamental, tem folhas novas comestíveis, é bom que se diga.

O fato é que, sem afofar o solo nem acrescentar nenhum tipo de fertilizante ou cobertura, fizemos uns anéis com os galhos e enterramos, deixando algumas folhas pra fora. Em poucos dias, os ramos estavam vistosos. Fomos podando e fazendo mais mudas, de modo que um mês depois não se via mais o vermelho da terra despida. O inverno chegou, a seca castigou a maioria das plantas, mas a batata-roxa resistiu majestosa, protegendo o solo. E a cada mutirão tínhamos de podá-la para não invadir a passagem e o asfalto. Foram muitas ramas doadas e até hoje tenho notícias de gente colhendo por aí.

Não sei se pela poda disciplinadora constante ou se porque era mesmo da natureza da espécie, mas quando, depois de um ano, decidimos renovar o canteiro, levamos um susto com o tamanho das batatas-doces que foram surgindo à medida que íamos tirando o tapete de ramagem. A média foi de um quilo para mais, chegando a dois quilos cada uma. Foram 35 quilos no total.

Sob o efeito inebriante da farta colheita, fiquei imaginando todas as calçadas e quintais de São Paulo com seus gramados substituídos por batatas-roxas por baixo, abóboras por cima, ainda mais num momento de precipitações pluviométricas instáveis e incertas no campo e toda sorte de suscetibilidades vividas pelos agricultores – das tradicionais saúvas aos recentes caramujos africanos e javaporcos que chegam destruindo tudo. Muita gente está desistindo de plantar culturas como mandiocas, batatas-doces, milhos e abóboras por causa das constantes perdas especialmente para os javaporcos, que, mesmo quando não comem tudo, cavoucam e mordem todas as batatas-doces que conseguem desenterrar – para escolher a melhor, talvez. O jeito vai ser diversificar o acesso aos alimentos e garantir que pelo menos parte da nossa comida seja plantada ao redor de onde vivemos.

Só para não dizer que não falei da espécie, a planta da batata-doce (*Ipomoea batatas*), que pode ser branca, amarelada, laranja ou roxa, pertence à família das convolvuláceas e não guarda parentesco com as batatas da família das solanáceas. Originária da América do Sul e da América Central, é cultivo dos mais antigos – resíduos de variedades dessa espécie foram encontrados no Peru em cavernas no Vale de Chilca, datadas de mais de 10 mil anos.

Ela já foi considerada comida de pobre, cultivada apenas por pequenos agricultores e tida como alimento pesado. É que há em sua composição um inibidor de digestão que atrapalha o trabalho das enzimas digestivas tripsina e quimiotripsina, retardando o fluxo, induzindo à fermentação e à formação de gases. Mas é só não exagerar que nada disso acontece. Como compensação por toda injustiça sofrida ao longo da história, hoje é o legume querido dos atletas ou de quem queira ganhar massa muscular de forma saudável, pois, além de ser energética, rica em vitaminas e minerais, possui baixo índice glicêmico – evita a formação de pico de insulina, mantendo as reservas energéticas por mais tempo. Espero que isso não seja puro modismo, porque moda passa.

Talvez o cultivo da batata-roxa tenha sido deixado de lado por ela não ser tão doce nem tão aceitável na cozinha quanto as brancas – é que o pigmento escapa para o caldo, tinge todos os outros ingredientes e ainda pode reagir com um meio alcalino e tornar o prato desagradavelmente esverdeado. Porém, agora a batata-roxa é tão bem quista que quem seguiu plantando não consegue atender à demanda do varejo. É um ótimo legume para preparos de textura homogênea, como doces em pasta, cremes, sorvetes, mingaus, pães e massas. Quanto mais ácidos os outros componentes da receita, mais atrativa será a sua cor. Por isso, adoro fazer com ela pães de fermentação natural, com massa mais ácida.

A coloração avermelhada do miolo da batata-doce-roxa crua se transforma em lindo púrpura quando o legume é cozido lentamente e se dá pela presença de antocianina, o mesmo pigmento do vinho tinto, das amoras, jabuticabas etc., que, mais que corante, é um potente antioxidante que previne doenças. Diferentemente de outros vegetais que perdem a coloração quando cozidos, essa batata-doce tem sua cor intensificada com o calor.

dicas
....

Caso encontre batatas-doces-roxas ou colha algumas nas calçadas do seu bairro.

Guarde as batatas-doces em cestas, em temperatura ambiente, até o momento de usar. Se começarem a lançar ramas, tire o pedaço brotado, plante numa jardineira e use o restante para comer. Para aumentar a produção de ramas, mergulhe a batata-roxa pela metade na água limpa – e troque sempre, claro.
....

Para assar, besunte a casca com azeite e deixe no forno a 180 °C por cerca de 60 a 90 minutos, dependendo do tamanho. A textura ficará lisa, úmida e uniformemente púrpura. Tire a pele, esfregando com as mãos.

Atenção para não usar bicarbonato em receitas com batata-doce-roxa; ela poderá se transformar em algo oxidado e desagradável aos olhos.

Para cozinhar, lave bem com escova, deixe a pele e corte a batata-doce em pedaços, se for muito grande. Cubra com água fria e leve ao fogo médio. Deixe cozinhar por cerca de meia hora ou até que amacie. Descarte a água, espere amornar e tire a pele com as mãos.

Se tiver muitas batatas-roxas, cozinhe, corte em pedaços menores e congele em aberto. Guarde em recipiente fechado e use os pedaços individualmente conforme a necessidade (cremes e vitaminas, por exemplo).

Sirva-as cozidas bem quentes com leite gelado adoçado. Fica muito bom. E assadas, com manteiga, açúcar mascavo, especiarias ou amassadas com melado, sal e pimentas.

—6—
cozinha circunstancial

Um dos eventos mais marcantes deste século foi o surto mundial de covid-19, classificado como pandemia pela Organização Mundial da Saúde (OMS) em março de 2020. A doença, causada por um vírus responsável por síndrome respiratória aguda grave, fez milhões de vítimas no mundo todo e nos obrigou a ficar em isolamento. A maioria de nós sofreu os impactos do isolamento e das tristes notícias na saúde mental, na vida social e no aspecto econômico. Muitos tiveram que aprender a trabalhar à distância, a se reinventar com a perda de trabalhos e a começar a cuidar da própria vida sem ajuda. E aquela quarentena que imaginávamos passageira, com alguns pequenos intervalos, durou cerca de três longos anos para as profissões consideradas não essenciais.

Isso nos levou a sair da zona de conforto e a fazer aquilo que nunca havíamos feito, fosse para nos conectar com outras pessoas, fosse para diversificar a forma de manter a renda mensal para pagar as contas, fosse para ajudar quem estava em situação pior. Esse movimento todo de certa forma produziu mudanças que muita gente levou para a vida pós-pandemia. Confesso que levei um tempo para me adaptar e usar o trabalho *online* como forma segura de continuar produtiva. Passei a dar aulas virtuais e até a fazer *lives*. Sendo sincera, fora ter participado de algumas *lives* a convite de outras pessoas, organizei apenas uma série própria em que ensinei a fazer fermento do zero até chegar ao pão. Foram oito dias me encontrando diariamente com pessoas de todo o Brasil compartilhando algo fundamental para quem queria fazer seu próprio pão. Afinal, as limitações para sair de casa demandavam mais autonomia em relação à alimentação e pedir comida por aplicativos não é prática acessível a todos. Com trabalho à distância, muita gente tinha a chance de estar perto do pão de fermentação lenta e acompanhar todos os processos. Isso sem contar que fazer pão acalma, dá prazer e naquele momento nos tirava do modo de tristeza coletiva. Tanta gente começou a fazer pão que a onda recebeu até o nome de "pãodemia".

E, falando em pão, gosto de contar outra experiência que fiz nesse período e que me encheu de esperança em um mundo de mais confiança e interação. Nem tudo a gente pode doar, e a comida pode ser, sim, mercadoria (que é diferente de *commodity*); afinal, muita gente vive de produzir alimento enquanto outra parte da sociedade produz outros produtos necessários para a nossa vida nas cidades. Há pessoas que são competentes para vender e, definitivamente, eu não me incluo nesse grupo. Mas um dia fiquei com vontade de vender os pães que fazia; assim poderia ao menos repor o valor gasto com farinhas e praticar mais sem ônus, pois é o processo que me interessa, mais que o produto final. Então tive a ideia de montar uma mesa no portão da minha casa, deixar uma caixinha para o dinheiro, um estoque de sacolas e os pães já embalados e com preço. Uma pequena plaquinha explicava o tipo de pão que era e só. Deixei lá e fui trabalhar. De vez em quando, dava uma espiada. Na hora do almoço, já não tinha mais pão e fui recolher tudo. A caixinha de dinheiro era aberta para que as pessoas pudessem pegar troco, se fosse o caso. Hoje, com PIX, seria mais fácil. Para minha surpresa, havia dinheiro a mais, bilhetinhos de agradecimento e até presentes – uma geleia e uma conserva de berinjelas. Alguns vizinhos que não estavam acreditando no sucesso também ficaram espiando e depois vieram me contar cada caso, como o do motoqueiro entregador de comida que passou, olhou, deu meia-volta e estacionou. Sem tirar o capacete, leu a explicação, escolheu o pão que queria, pagou e foi embora. Tinham certeza de que ele não pagaria, mas, envergonhados, precisaram admitir e rever seus estereótipos de classe. A confiança, como as flores, também modifica as pessoas. Pena que não tive mais tempo para refazer a experiência que me deu tanta alegria. De qualquer forma, tenho isso em mente e quem sabe eu ainda retome a prática.

    Acho que o recolhimento também nos obrigou a cozinhar mais de forma geral e, na prática, nos deparamos com o que costumo chamar de cozinha circunstancial, que é aquela comida sem muita programação e espontânea, feita à base do que está disponível em casa e com temperos disponíveis no entorno. E muitas pessoas fazem isso no dia a dia, pois poucas têm tempo para grandes planos culinários.

Durante o isolamento percebemos, mais do que nunca, a necessidade de voltarmos à cozinha de circunstância e aprendemos isso a duras penas. Lembro que, durante um período na trajetória profissional, fiz atendimento como nutricionista clínica. Geralmente quem me procurava queria emagrecer, e eu sempre hesitei em dar cardápio pronto. Preferia conversar, entender as rotinas, as preferências, os hábitos e mostrar que dieta tem prazo pra começar e terminar, e que ninguém aguenta por muito tempo por ser antinatural. Por isso que dietas dificilmente funcionam ou têm resultados duradouros. Queria mostrar que comer com consciência é exercício prazeroso para uma vida inteira e isso envolve prazer, respeito à cultura familiar, memórias afetivas, sazonalidade, meio ambiente e formas de produção. Queria mostrar o quanto a cozinha é dinâmica e, por isso, cardápios prontos não são sustentáveis em nível doméstico.

O que mais me pediam era uma dieta semanal com quantidades exatas e supostamente milagrosa, que tinha de ser variada e equilibrada, atendendo às exigências para o perfil quanto a calorias, proteínas, fibras, vitaminas e minerais. Muitas vezes ouvi frases assim: "Não quero ter que pensar. Diga o que tenho que fazer, que eu faço". De preferência, queriam receitas e lista de compra. Queriam colar na porta da geladeira e seguir à risca porque achavam mais fácil. Era só pedir para a cozinheira e pronto, não precisava se implicar. E, quando não tinha cozinheira, era só eu passar tudo detalhadamente, que prometiam seguir. Muitas vezes cedi, mesmo sabendo que isso não funcionaria pra sempre. Hoje, prefiro compartilhar o que faço e o que penso sobre alimentação saudável de outras formas.

Sorte que agora há de um lado pessoas mais em paz com seus biotipos e mais dispostas a entender que mudanças de hábitos não têm prazo pra terminar e, de outro, há profissionais fazendo coro a uma linha de atuação mais realista e demonstrando que relação saudável com a comida não tem a ver com a funcionalidade dos ingredientes e a ingesta de nutrientes. É muito mais. E esse entendimento chega sempre à cozinha doméstica e dinâmica. Pensar, agir e interagir são atitudes inerentes ao ser humano, como é o ato de cozinhar.

Muita gente se viu no isolamento sem diaristas, mensalistas e cozinheiras e ainda tendo que alimentar a família e crianças fora das escolas. Pessoas que estavam acostumadas a comer fora ou a chegar e encontrar a comida pronta foram obrigadas a aprender a lidar com essa cozinha nada estática, onde, no cotidiano, a descrição do cardápio não vai estar grudada na porta da geladeira. Para a maioria da população, a cozinha circunstancial já é a realidade do dia a dia. Afinal, quem tem acesso à comida de restaurantes ou de aplicativos no cotidiano? A comida de circunstância é assim desde que no mundo há comida, mas especialmente durante o momento de isolamento ficou evidente a necessidade de nos aperfeiçoarmos ainda mais no famoso jogo de cintura.

Diante da situação econômica incerta e pouco promissora com que nos deparamos durante a pandemia, quem teve juízo passou a prestar mais atenção naquilo que deveria ser a prática na cozinha, que é conseguir aliar os hábitos e a necessidade à sustentabilidade, à economia e ao aproveitamento sem desperdícios. Para pessoas mais velhas, especialmente as que passaram por períodos de escassez e dificuldades, não há novidade alguma em ficar em casa e aproveitar de tudo até o talo. A resiliência já está incorporada nessa gente. Quem mais sofre e tenta se adaptar a essa nova realidade são os mais jovens, de uma geração que já cresceu com pai e mãe trabalhando fora, que não aprendeu a ligar um forno ou a lidar com o improviso, que depende de um repertório que não tem.

Claro, há aqueles cozinheiros de fim de semana, quase sempre homens, que fazem a lista de ingredientes para um prato geralmente com sotaque internacional e vão às compras em busca dos itens, alguns importados. Em casa fazem a *mise en place* e a *mise en scène* – seguem à risca uma receita, usam balança e termômetro, respeitam o diâmetro da frigideira e a panela é de grife, abrem um vinho, polvilham do alto o sal e a pimenta-do-reino direto do moedor e não raro exibem o prato na sua rede social. Está valendo, mas tal atitude não é de muita serventia na cozinha de que falo.

No dia a dia, só ou com a família em casa, tem café da manhã, almoço e jantar. E se há crianças e adolescentes, ainda tem lanche da tarde e uma boquinha antes de dormir, com direito a dois ou mais preparos a cada mesa posta. Nem todos podem ou querem pedir comida por aplicativo – moda que se alastrou na pandemia –, tendo como escolha rebolar para dar conta de cozinhar de forma saudável, variada, sustentável e recorrendo o mínimo possível ao mercado, para não ter que sair de casa toda hora. A saída é a cozinha dinâmica e circunstancial, que abusa da coleção de técnicas que se conhecem para usar os ingredientes congelados, armazenados, gelados e os que sobram e aparecem. E isso é para quem tem intimidade com a cozinha e com a cultura alimentar do lugar onde vive, formada por gestos, práticas e técnicas muito particulares e que podem se adaptar aos ingredientes disponíveis.

Preparar a própria comida deveria ser tão natural quanto cuidar da própria higiene, mas a terceirizamos de tal forma que num momento de isolamento é que percebemos que não há tutorial que dê conta de programar no mínimo três refeições por dia sem repetição e sem desperdício. E não estou falando de saber reconhecer espécies comestíveis ou de plantar parte do que se come. Em um cardápio escrito, jamais veremos preparos repetidos. Já na cozinha circunstancial, se você cozinhou lentilha no jantar, ela pode aparecer também no almoço do dia seguinte e talvez novamente em outra refeição – afinal, podem-se economizar tempo e recursos cozinhando um prato que possa ser servido ou usado nas refeições seguintes.

Imagine esta situação: você faz um cardápio para a semana, prega na porta da geladeira, programa as compras e, na primeira ocorrência fora da ordem, é obrigado a mudar. É uma geleia que acabou no café da manhã e você resolve aproveitar o fundinho para fazer um molho agridoce para a salada – que era pra ser de batatas, mas a rúcula está começando a querer murchar. Você programou a lentilha para quatro porções, mas alguém da família comeu mais do que o estimado e acabaram sobrando os grãos, que no jantar tiveram que entrar na sopa. Nem era pra ser sopa, mas não dava pra desperdiçar a lentilha. E, já que tem sopa, aquela mandioquinha que era para o purê de amanhã acaba indo pra panela de véspera. Uma amiga resolve fazer uma surpresa e manda uma travessa de lasanha que acabou de fazer. E pronto: a massa com frango fica para amanhã. O frango do cardápio era com molho de tomate, mas uma vizinha trouxe do sítio uma sacola de banana-verde, maracujá e limão. Então teremos frango com purê de banana-verde e já não combina mais com o macarrão. O limão vai para o molho da salada e o maracujá, para o suco que no cardápio era pra ser de acerola, que está congelada e aguenta mais um pouco. E assim segue.

Se você já se viu nesse cenário, saiba que nunca é tarde para começar a tomar pé da situação. Vou deixar aqui não um manual a ser seguido, mas algumas das técnicas que uso em minha própria cozinha que em qualquer época é sempre dinâmica, viva e adaptável às conjunturas. Quem sabe elas não levam você a soluções mais apropriadas às circunstâncias da sua cozinha?

dicas

Vidros com restinhos de geleia, mel ou mostarda. Faça dentro deles seu vinagrete convencional. Junte azeite, vinagre e sal e terá um ótimo molho para salada que pode ser guardado na geladeira por dias pra servir com qualquer folha.

Folhas. As de mercado mesmo, incluindo as folhas de nabo, de rabanete, de couve-flor e outras, todas podem ser refogadas no alho. Doure alho em azeite ou óleo e adicione a verdura fatiada fininha (coloque uma folha em cima da outra e fatie). Mexa rapidamente até murchar, tempere com sal e pimenta-do-reino e está pronta. Se a verdura for mais firme, adicione um pouco de água.

Sobras de folhas. Sobrou salada de verduras refogadas e picadas? Num vidro com tampa, coloque uns dois ovos, junte o tempero verde que tiver, pedaços de queijos duros ou moles, as sobras de verdura, sal, pimenta e, se quiser, cebola. Tampe o vidro, chacoalhe bem e frite em duas porções em frigideira antiaderente quente com uma colher (sopa) de azeite ou óleo.

Azeites, óleos e gordura. Não é só azeite, óleo e manteiga que você pode usar para fritar omeletes e refogar verduras e legumes. Se você refogar ou assar pedaços mais gordos de frango, como a sobrecoxa, ou qualquer outra carne mais gordurosa, ao final do preparo pode coar e guardar a gordura que soltou e usar para fins diversos: fritar omeletes, refogar arroz etc.

Arroz. O arroz de todo dia pode acomodar aquelas sobras que você quer consumir, mas não quer fazer um prato específico para elas. Então, acrescente cenoura picada, pedaços de batata-doce, de abóbora, pimenta cambuci, folhas verdes e grãos, como ervilhas cozidas. Refogue junto com a cebola e o alho e faça o arroz como de costume.

Ervilha, feijão, lentilha, grão-de-bico. Esses grãos demoram mais para cozinhar, por isso, quando os fizer, já cozinhe quantidade suficiente para congelar, temperados ou não. Podem entrar depois numa sopa, num molho de macarrão, junto com o arroz ou na salada. Deixe ao menos oito horas de molho para diminuir o tempo de cozimento e eliminar antinutrientes.

....

Pão. Se estão sobrando pontinhas de pão, vá juntando na geladeira e, quando tiver uma quantidade boa, deixe de molho em leite, esprema bem e junte na omelete. Ou vá picando e deixando no freezer. Quando tiver uma certa quantidade, doure tudo no forno ou na frigideira com azeite e alho e sirva com salada de folhas ou sopas. Ou ainda combine com molho de tomate os cubinhos umedecidos, fazendo um tipo de purê.

....

Bem, eu poderia ficar dando dicas assim dia após dia, conforme as circunstâncias que vão mudando, mas agora é com você.

....

FORNO SOLAR: ARMADILHA DE CALOR

Nos últimos anos, tenho estado muito empolgada experimentando um jeito diferente de cozinhar com um equipamento que vai na contramão das novidades robóticas na cozinha. Trata-se de um rudimentar e revolucionário forno solar, que deve ser tratado com a seriedade que os novos tempos pedem, em nome da sustentabilidade e do respeito às novas gerações.

No começo, encarei mesmo como um divertido quebra-cabeça: são apenas quatro quadrados de 40 centímetros de papelão encapados com folhas aluminizadas, e dois menores para fazer a base, que chegaram pelo correio tendo como remetente a empresa do Nicolau

Francine, chamada de Pleno Sol. Um saco plástico transparente e alguns prendedores de papel faziam parte do kit. O resto, um suporte metálico e uma panela preta com tampa, seria por minha conta. Foi mesmo instigante montar uma traquitana de aparência tão frágil com a promessa de que ela me entregaria em breve uma comida cozida e quente.

Não quis me demorar em planejamentos e fui logo colocando para aquecer em uma pequena panela de ferro – que era a única da cozinha em tamanho adequado – algo que não tardaria a me dar resultado positivo ou negativo: a água.

Em pouco tempo, ela ganhou temperatura suficiente para cozinhar batatas, mas eu tinha em mãos apenas tupinambos que foram pra panela e não demoraram meia hora para ficarem muito macios. Na empolgação, ainda coloquei alguns ovos na água quente e, claro, em poucos minutos estavam cozidos. Logo descobri que não precisava adicionar água, pois os legumes e até os ovos cozinhariam num ambiente combinado de calor seco e vapor do próprio alimento. Nos dias seguintes, me revezei na torcida por chuva à tarde, por razões vegetais, e muito sol pela manhã para poder me aventurar nas receitas e me aperfeiçoar na técnica solar. Cheguei a assar bolo de carimã e por pouco um pão não ficou totalmente assado antes de a chuva chegar.

É tão libertador poder usar uma energia limpa, inesgotável e de graça que comecei a levar muito a sério o novo brinquedo. Hoje, tenho dois outros modelos, não muito discretos, mas muito eficazes para quem tem quintal.

Imagine você poder sair de manhã, deixar sua comida na panela e chegar em casa com um prato pronto quentinho esperando para o almoço. É claro que não é um forno para substituir o fogão elétrico ou a gás, mas sim para ser usado como utensílio complementar – afinal, estaremos sempre na dependência do sol. De qualquer forma, estamos em um país ensolarado na maior parte dos dias do ano, e a economia de recursos é imensurável.

Embora fornos solares não costumem frequentar a mídia especializada em gastronomia, com a escassez iminente de combustíveis fósseis e recursos florestais em pauta, cada vez mais o tema vem atraindo jovens pesquisadores interessados na sustentabilidade das fontes energéticas renováveis. Há alguns anos, por exemplo, a Escola Politécnica da USP sediou um simpósio sobre o assunto e vários pratos foram feitos em diferentes modelos de fornos solares. Ainda assim, os ativistas dessa forma de cozinhar fazem um trabalho de formiga mostrando os benefícios.

Pesquisas com captação da energia solar são antigas, mas o primeiro forno para fazer comida foi criado em 1767 pelo naturalista suíço Horace Bénédict de Saussure, considerado hoje o pai do forno solar. Ele observou que uma carruagem ou qualquer outro recinto com proteção de vidro esquentava mais que o comparativo sem vidro. Construiu então uma estufa com cinco caixas de vidro dispostas sobre uma mesa de tampo preto e conseguiu uma temperatura suficiente para cozinhar e assar a maioria dos alimentos. A partir da primeira experiência, aperfeiçoou o design para atingir temperaturas maiores e outros pesquisadores seguiram seus passos. Em 1830, o matemático, botânico e astrólogo inglês John Herschel, durante uma expedição para a África do Sul, cozinhou em sua caixa quente feita de madeira enegrecida e vidro alimentos como carne e ovos. Seus relatos são um dos poucos existentes na época sobre os resultados da técnica e revelam como cozinharam adequadamente e ficaram saborosas as comidas feitas na caixa, que incluíam carnes, ovos e até um ensopado muito elogiado pelos companheiros de viagem.

Já mais recentemente, no início da década de 1970, as americanas Bárbara Kerr e Sherry Cole projetaram um modelo de caixa feita de papelão. Em 1987, sob inspiração e iniciativa dessas duas pesquisadoras, foi criada a organização SCI – Solar Cookers International, que conta hoje com uma plataforma *online* comprometida com a pesquisa, divulgação e apoio a projetos ligados à promoção de fornos solares especialmente para população em estado de vulnerabilidade social, mas também para pessoas comprometidas com a causa ecológica – segundo a SCI, estima-se que um forno solar usado por uma família que normalmente usa lenha para cozinhar preserve mais de uma tonelada de madeira por ano.

O modelo CooKit desenvolvido por pesquisadores apoiados pela organização é feito de papelão, tem custo baixíssimo e pode ser realizado em uma hora por qualquer pessoa – o molde desse modelo e centenas de páginas com informações sobre o assunto estão disponíveis na *wiki* abrigada pela organização. Ele é um híbrido simplificado entre o forno de caixa e o parabólico e inspirador de vários modelos atuais de fornos de painéis espalhados mundo afora, inclusive do que ganhei da Pleno Sol.

Atualmente os fogões solares são muito usados em países da África e em campos de refugiados, tanto para cozinhar como para pasteurizar água. Há vários projetos para incentivar o uso na Índia, China, Senegal,

Afeganistão, Quênia e outros. No Brasil, seu uso ainda não é muito difundido, mas seria uma solução para o desmatamento na região do Semiárido, por exemplo, onde o sol é abundante e a vegetação para lenha, ainda muito usada para cozinhar, é escassa. Isso sem contar a economia de tempo para a coleta de lenha, a diminuição de risco de incêndios e acidentes com crianças e o impacto positivo no efeito estufa eliminando fumaças de queima.

Para quem tem curiosidade de saber como funciona, é muito simples: os fornos são como armadilhas de calor. Os raios de sol batem nos painéis refletores e a luz reflete na panela no centro do forno em forma de calor. Por ser preta, ela retém esse calor rapidamente, cozinhando o que está dentro dela. A função do plástico transparente ou da cúpula de vidro que pode ser feita com duas tigelas acopladas é permitir que a luz do sol passe facilmente para a panela e impedir que o calor aprisionado faça o caminho de volta.

Em termos de resultado dos fornos solares, podemos compará-lo ao das panelas elétricas de cozimento lento – ou *crock pots*, como são conhecidas. O cozimento lento realça o sabor dos alimentos, já que vários compostos aromáticos são voláteis e se perdem sob altas temperaturas, o mesmo valendo para alguns nutrientes. Tem a vantagem adicional de dispensar o uso de óleos, manteigas e outras gorduras, pois a comida é cozida no vapor e não gruda. Não é preciso adicionar água em alimentos frescos e úmidos a menos que se queira fazer um ensopado ou cozinhar grãos. E não precisa ficar cuidando, pois o máximo de erro que pode acontecer é cozinhar demais – queimar, jamais.

Finalmente, para quem já se convenceu de que vale a pena ao menos tentar cozinhar de forma limpa, algumas dicas: tente se programar para o almoço por volta das 9h, assim aproveitará a melhor potência e inclinação do sol, que vão até às 14h. Use sempre panelas finas e pretas por fora e certifique-se de substituir por madeira qualquer puxador ou cabo não metálico que possam derreter – panela preta de ágata é uma boa opção; a panela deve estar sempre tampada para reter a umidade do alimento. Se o dia estiver muito nublado e você quiser arriscar o pouco sol, é bom que esteja por perto para transportar a panela para o fogão convencional, se for necessário. O melhor céu para o uso do forno solar é aquele azul de brigadeiro. A temperatura atingida gira em torno de 120 °C nos fornos de painéis, suficiente para a maior parte dos alimentos, lembrando que a temperatura da água ou de alimentos que a contenham não passa de 100 °C mesmo no fogão convencional. Se a tampa da panela receber bastante raios do sol e ficar bem quente, ela servirá de fonte de calor suficiente para encurtar o tempo de cozimento e até dourar o alimento. O tempo de cozimento pode variar de acordo com o tipo de fogão solar escolhido – os parabólicos atingem temperaturas bem altas rapidamente, os de painel são mais lentos e os de caixa ficam no meio-termo, com resultados parecidos com os de um forno convencional. Use sempre um saco plástico transparente alimentício para reter o calor – é importante ter um apoio ou pedestal para elevar um pouco a panela de modo que ela não encoste no saco plástico. Ah, por questão de segurança microbiológica, só cozinhe carnes se você for ficar em casa para ter certeza de que o sol está forte o suficiente para cozinhá-la em vez de amorná-la apenas, o que poderia favorecer o crescimento de microrganismos patogênicos.

E então, que tal aproveitarmos o patrimônio energético mais antigo do planeta para cozinharmos de maneira mais amigável?

FOGÃO DE CAIXA

Eu me sinto muito privilegiada e esperançosa quando conheço jovens idealistas e empreendedores sociais cheios de ideias para melhorar o mundo, como o Nicolau do forno solar e o Chico, que me apresentou o fogão de caixa, companheiro assíduo de minhas façanhas na cozinha, faça chuva ou faça sol.

Chico Melo é biólogo e gosta de pensar questões ambientais e praticar ações sociopolíticas. Criador do projeto Fundo Abraço, que visa gerar economia doméstica a partir de tecnologia sustentável, ele me trouxe um fogão de caixa, apetrecho simples que aprimora aquela técnica de nossas mães e avós de embrulhar as panelas em jornal ou cobertores assim que ganhavam calor no fogão pra terminarem de cozinhar fora do fogo.

Durante a Primeira Guerra Mundial, a técnica foi usada para economizar combustível. Havia até fogões que já vinham com um compartimento recheado com feno para criar isolamento térmico – daí um de seus nomes em inglês *haybox* (também chamado de *wonder oven*). Hoje, o design foi adaptado aos novos materiais e a aparência pode ser a de um pufe de pano fofinho recheado com espuma de edredom. Mundo afora, em projetos que trabalham com pessoas em situação de vulnerabilidade social, podemos encontrar vários modelos, incluindo cestos ou caixas como apoio externo para o material isolante.

O equipamento é um acessório ao fogão a gás, elétrico ou de lenha, já que precisa de uma fonte inicial de calor. Com o próprio calor mantido, ele pode economizar até 50% do recurso gasto para cozinhar alimentos. Para algumas pessoas, uma economia assim na conta do gás pode não representar muita coisa, mas para a maioria das pessoas é uma quantia significativa.

O projeto ainda busca apoio para continuar distribuindo esses fogões de caixa para o maior número possível de famílias. E, além disso, faz questão de seguir um sistema produtivo baseado na economia solidária, com parcerias com outros projetos e associações para o feitio dos fogões.

Desde que ganhei esse doméstico não eletro, tenho usado algumas vezes por semana. Ele tem estado sempre preenchido com alguma panela – às vezes uso três panelas pequenas. Basta uma fervura e a panela vai fechada para o abrigo, onde continua com temperatura quase constante durante umas boas horas. Com isso, as vantagens são enormes: desde que consiga se programar pra deixar horas antes a panela quente no fogão de caixa, vai diminuir o tempo pilotando fogão, economizar recursos, conseguir sair de casa e deixar o almoço sendo cozido lentamente sem risco de queimar a comida, usar menos água, liberar menos gás carbônico no ambiente, entre outras vantagens.

Recentemente vários fogões de caixa foram usados em cozinhas comunitárias na Faixa de Gaza pela organização World Central Kitchen, como uma maneira econômica e eficaz para terminar o cozimento e manter a uma temperatura quente e segura alimentos para a população palestina atingida pela barbárie orquestrada pelo governo israelense.

Outra vantagem desse tipo de fogão é que ele pode ser transportado facilmente. Gosto de levar a minha caixa para oficinas com expedição para reconhecimento de Panc. Já no início, começo fazendo algum prato único em um fogãozinho elétrico, um arroz com lentilha e verduras, por exemplo, e deixo no fogão de caixa até terminarmos a caminhada e a conversa. Quando voltamos, o almoço já está pronto e quentinho. Uma vez também fui com o Chico mostrar o funcionamento do fogão de caixa em um encontro no Instituto Ações Sociais Vó Tutu, na Vila Brasilândia, em São Paulo. Vó Tutu faz um trabalho louvável junto à comunidade, doando pães a quem não tem, e está sempre promovendo ações para dar mais autonomia às pessoas assistidas pelo Instituto. As mulheres participantes estavam meio incrédulas de que com aqueles pufes realmente pudessem cozinhar alguma comida. Em menos de duas horas tínhamos três pratos: arroz, feijão e carne de panela com batatas. E aí foi uma empolgação geral, pois usamos quase nada de gás, a comida foi cozida enquanto conversávamos e os pratos saíram todos quentes ao mesmo tempo. O bom é que o modelo é facilmente reproduzido por qualquer pessoa que saiba costurar. Há inúmeros vídeos mostrando como fazer, inclusive no site do Fundo Abraço, que apresenta vários modelos de fácil confecção. E o isolamento térmico pode ser feito de vários materiais, como isopor, papel picado e até sacos plásticos.

Outra experiência exitosa foi quando fui ao aniversário do meu pai em Curitiba. A responsável pela comida do dia seria eu e, chegando lá, queria ter tempo para conversar com a família e ficar com minhas irmãs. Então, comecei cozinhando a carne do ragu logo cedo, antes de sair de casa; coloquei o fogão de caixa no carro e cheguei ao encontro, depois de sete horas, com a carne cozida, desfiando. Foi só cozinhar a massa, reaquecer o molho que chegou medindo 70 °C, acrescentar umas ervas e o jantar estava servido.

Aproveitar o calor do sol ou reter o calor obtido de fontes não renováveis, sem pilhas, plugues e eletricidade, são soluções de baixa tecnologia que, adaptadas às circunstâncias, deveriam despertar interesse não só de projetos sociais, mas das cozinhas domésticas do mundo todo – se não por economia no orçamento, ao menos pensando em sustentabilidade e em economia de recursos.

FAÇA VOCÊ MESMO

Embora haja atualmente muita gente pensando e estudando seriamente os impactos de nossas ações modernas no meio ambiente, é difícil imaginar como proporcionar mudanças individuais significativas no nosso modo de vida a ponto de diminuir os estragos que proporcionamos, em vez de atingir esse objetivo através de políticas públicas.

Por outro lado, não podemos ficar parados esperando que algo impactante chegue de cima e nos coloque no rumo certo. Nunca se consumiu tanta embalagem de sabão e produtos desinfetantes, nunca se embrulhou tanto em plástico e nunca se comeu tanto em pratos descartáveis como vimos durante e após a pandemia. Mas também vimos, desde então, um crescimento do interesse de algumas pessoas em cozinhar.

Houve uma empolgação por fazer pães (como falei no começo do capítulo) e também pelo tipo de preparo antes delegado para a indústria, produtores especializados ou restaurantes. Era gente fazendo tofu, queijo, linguiça, grãos germinados, kimchi e fermentados de todo tipo. Gente desidratando cúrcuma, secando tomates, plantando ervas comestíveis no jardim, conhecendo Panc, aprendendo receitas novas. E muitos desses novos hábitos ficaram.

Seja qual for o tipo de interação com a cozinha, é natural que a expansão do repertório culinário venha acompanhada da necessidade de instrumental apropriado. Então, é momento de colocar a cabeça pra funcionar e botar em prática nosso dom de criar e buscar soluções improvisadas. Podemos, com isso, repensar a real necessidade de termos em casa certos apetrechos para paixões que não duram mais que uma quarentena e logo estarão no lixo junto de todos aqueles plásticos que tanto criticamos ou no fundo do armário, esquecidos para sempre.

Acho curioso quando alguém que não me conhece começa a me acompanhar no Instagram e me pergunta onde comprei algo que aparece na foto (às vezes está lá no fundo e só aparece quando se dá um zoom). Sou obrigada a responder a verdade: que aquele varal de macarrão era um pedaço de uma tábua furada, resto de construção, que achei numa caçamba e o marido completou com pau de poleiro. Como diz o ditado, quem não tem cão caça com gato, e gosto de usar gato mesmo tendo cão, só pra mostrar que é possível.

Não sou daquelas que perseguem o objeto de desejo, nem sonham com determinado gadget de cozinha. Mas também não posso dizer que tenho gavetas e armários vazios. Em minha defesa, tenho a dizer que eu já tive mais de meio século para acumular apetrechos de cozinha, com a vantagem de que eles não se desgastam como sapatos, dos quais não faço questão. E muitos utensílios chegam aqui por acaso – por herança de amigos e parentes ou porque encontrei num mercado de pulgas, feira, brechó ou comércio popular. Claro, alguns deles comprei deliberadamente, paguei caro pela raridade, mas tem uso garantido na cozinha, que é meu local de trabalho.

Além disso, sou vidrada não só na funcionalidade do instrumento, mas também no desenho, na engenharia, na dinâmica, e isso não tem nada a ver com o valor, marca ou tendência. Às vezes me apaixono pelo formato do suporte de um coador de pano ou por uma grade de arame para torrar pão que custa mais barato que um *sourdough*. A minha sorte é que quase sempre as peças baratas e populares são as que mais me chamam a atenção e compro pela oportunidade – sou muito mais atraída por uma feira popular de uma cidade pequena do que por uma loja asséptica trabalhada no brilho de shopping center. Agora, para as peças caras, últimas novidades, marcadas e datadas, tento logo encontrar substitutos improvisados e é nesse desafio que mora a graça. Tenho tanto prazer nesse processo que gosto de inventar mesmo não precisando.

Está certo que também acontece o contrário. A gente tem o equipamento muito antes de descobrir qual é a sua utilidade. É o caso do *spätzle maker*, um instrumento que abrevia o trabalho de produzir nhoquinhos de farinha de trigo tradicionalmente feitos no Leste Europeu. A técnica original consiste em colocar a massa pegajosa na tábua e empurrar com uma faca direto sobre a água quente. Hoje, há vários modelos desse instrumento vendido como nhoqueira e eu já testei várias soluções para substituir o instrumento mesmo tendo o meu há décadas. Sim, minha mãe comprou de um mascate durante a minha infância com a promessa de que com ele faria nhoques mais rápido para os cinco filhos. Porém, o vendedor não explicou que não era aquele nhoque de batatas a que ela estava acostumada. O aparelho morou debaixo da pia durante anos até que eu o carregasse comigo, ainda sem uso, quando fui morar sozinha. "Um dia vou descobrir a utilidade disso", pensei. Poucos anos depois, uma colega alemã da faculdade fez um *spätzle* na aula de técnica dietética usando o apetrecho. Hoje, claro, seria mais fácil: com a foto dele, eu descobriria. Mas naquele momento fiquei tão feliz de ter descoberto. E hoje gosto tanto de fazer esse tipo de macarrão a jato que já inventei sabores e cores diferentes para ele, incluindo o de taioba, de abóbora, de banana-verde e outros, e até fiz uma frigideira esburacada com furadeira, só pra dar de presente para quem não tinha.

Tento imaginar a evolução natural dos novos equipamentos e me inspirar no arsenal tão rico e megaeficiente da cultura indígena e de comunidades mais isoladas que fazem tanto com tão pouco. Antes do liquidificador e processador, moedores manuais precedidos por pilões. Antes dos pilões, pedras escavadas naturalmente. Antes dos pincéis, pelos de bichos ou paninhos enrolados. Antes das peneiras, folhas tramadas. Antes das tigelas, gamelas de madeira, cabaças e cuias. Antes de filme plástico, papel-alumínio e papel-toalha, folhas de bananeira, de caeté, de sororoca.

Alguns anos atrás estive com os Kayapó, na aldeia Pykany, estado do Pará, e fiquei impressionada de ver a variedade de pratos que prepararam usando basicamente cestos de palha para carregar a colheita e a lenha, cuias pra pegar água, um facão para múltiplos usos, raladores para mandioca e folhas de bananeira para embalar o alimento que é assado entre as brasas da fogueira e as pedras quentes que vão por cima. Sem lixo e sem pratos para lavar. Cada um pega um pedaço de folha, coloca seu alimento e no final tudo volta para a terra. Já o arsenal de utilitários para se fazer farinha é rico e complexo – o mecanismo de pressão em estado de repouso do tipiti para espremer mandioca é de uma engenharia intrigante.

Fico feliz quando sei de tanta gente inventiva por aí. Vira e mexe alguém me manda uma gambiarra que inventou pra fazer alguma receita que mostrei no blog ou no Instagram. Uma vez, uma moça me mandou foto da forminha feita com pote de margarina que foi todo furado para escoar o soro da receita de queijo de minha mãe. Então, a ideia é esta: quando for fazer uma receita nova e não tiver o material necessário, olhe ao redor e certamente vai encontrar uma solução não convencional que atenda a circunstância. Criar é prova de vida.

dicas

Se quiser começar a praticar a arte do improviso, aqui vão algumas ideias:

Kits de germinação podem ser substituídos por peneiras, garrafas PET furadas, vidros cobertos com pano, peneiras, pratos de barro para brotos de chia etc.

Desidratadores elétricos podem dar lugar a secadores solares, peneiras e até a uma antena parabólica sem uso coberta com mosquiteiro – ótima para secar cúrcuma, que depois deve ser triturada para guardar.

A base da cafeteira elétrica pode ser usada para cozinhar bananas com casca, esquentar um lanche embalado ou até fazer panquecas.

Cozinhar no vapor sem cuscuzeira é fácil – basta usar um prato e um pano amarrado e emborcá-lo sobre uma panela de água fervente sem que um encoste no outro.

Dá pra fazer desenho na massa do pão usando como máscara um ralo novo com algum desenho interessante.

Quando quiser pulverizar só uma chuva fininha de pó numa superfície, use uma meia de nylon (sem uso, claro) para fazer uma trouxa de farinha.

Faça uma nhoqueira ou *spätzle maker* usando uma frigideira de alumínio furada com furadeira – basta colocar a massa pegajosa sobre a superfície furada e pressio-

nar com uma espátula para que fiozinhos caiam sobre a água quente.
....

Se quiser fazer picles e fermentados que peçam *airlocks*, saiba que dá pra fazer um eficiente selo d'água usando mangueirinhas de soro acopladas à tampa do pote ou garrafa. O gás formado sai, mas o oxigênio não entra. Uma luva ou bexiga de látex com um furinho de agulha também funciona.
....

Bannetons para crescimento de pão são lindos, mas nem sempre acessíveis e podem ser substituídos facilmente por chapéus, cestinhas baratas e até pequenas fruteiras de plástico.
....

Olhemos ao redor!

POSFÁCIO
Bianca Barbosa Chizzolini

A organização deste livro partiu de uma entrevista que Karen Shiratori e eu realizamos com Neide Rigo em 2021 para a edição "Vegetalidades" da revista *PISEAGRAMA*, publicada em 2023. De lá pra cá, a tarefa envolveu a leitura de mais de duas mil postagens de seu blog *Come-se* (entre 2006 e 2023), de quase cem colunas escritas para a revista *Caras* (entre 2006 e 2011) e de mais de cem colunas no Caderno Paladar do jornal *O Estado de S. Paulo* (entre 2012 e 2020). Desse manancial de relatos, receitas e dicas, fizemos uma seleção de textos, reunidos por temas para constituir os capítulos do livro. Neide retrabalhou e desenvolveu cada capítulo, resultando no conjunto apresentado aqui.

Neide é dona de um pensamento culinário singular que conjuga criatividade e simplicidade, erudição e generosidade, justiça social e boniteza. Estudiosa que só, conhece um vasto repertório de plantas alimentícias convencionais e não convencionais e as transforma em comida usando técnicas culinárias que, não raro, envolvem despojamento e improviso, porém jamais desleixo. Seus pratos e seus relatos combinam cores vibrantes, reforma agrária, texturas convidativas, valorização de saberes populares e uma pitada de humor. E como não mencionar as novas palavras bonitas (de escutar e de escrever) a que fomos apresentadas/os? Araruta, tiririca, inço, mangarito, cruá.

Em tempos de emergência climática e de insegurança alimentar e nutricional crescentes, Neide Rigo foge da mesmice, da estética retilínea e do repertório previsível da monocultura, perseguindo a diversidade de cultivos (e de culturas) do país, a riqueza cultural e vegetal do Cerrado, do Sertão e da Amazônia e as brechas urbanas recheadas de ervas espontâneas menosprezadas por uma alimentação regida pela lógica mercantil. Suas reflexões, com isso, não se limitam ao vital âmbito doméstico da cozinha, transbordando para a rua e para os campos. Sem dúvida sua cozinha enreda plantas, pessoas e o patrimônio de gerações de famílias ligadas ao cultivo da terra.

A autora nos convida a olhar com curiosidade e interesse para o vigor da comida comum, que é comida simples e compartilhada, modesta e despretensiosa. Nos sugere comer pelas bordas do sistema intensivo de produção de alimentos e pelas brechas dos espaços vazios e ociosos da cidade. A comida feita por Neide é boa não só para comer, mas, certamente, para pensar, plantar e semear por aí.

INDICAÇÕES DE LEITURA

Ana Rita Dantas Suassuna, *Gastronomia sertaneja: receitas que contam histórias*. São Paulo: Melhoramentos, 2010.

Antonio Bispo dos Santos, *A terra dá, a terra quer*. São Paulo: Ubu Editora/Piseagrama, 2023.

Claudia Visoni, *Horta das Corujas*. São Paulo: Bambual Editora, 2024.

João Guimarães Rosa, *Grande sertão: veredas*. Rio de Janeiro: Nova Fronteira, 2006.

Larissa Trierveiler Pereira, *FANCs de Angatuba: Fungos Alimentícios Não Convencionais de Angatuba e região*. Porto Alegre: Simplíssimo, 2024.

Marion Nestle, *Uma verdade indigesta: como a indústria alimentícia manipula a ciência do que comemos*. São Paulo: Elefante, 2019.

Neide Rigo, *Mesa farta no Semiárido: receitas com produtos da agricultura familiar*. Uauá: Coopercuc, 2016.

___ & Fernanda Cobayashi, "Oficinas culinárias para promoção da alimentação saudável: uma experiência na Amazônia ocidental brasileira", in Marly Augusto Cardoso (org.). *Nutrição em saúde coletiva*, v. 1. São Paulo: Atheneu, 2014.

Nina Horta, *O frango ensopado da minha mãe: crônicas de comida*. São Paulo: Companhia das Letras, 2015.

___, *Vamos comer*. São Paulo: Ministério da Educação, 2002.

Oscar Ipoko Sanuma, Keisuke Tokimoto *et al.*, *Sanöma samakönö sama tökö nii pewö oa wi tökö waheta: ana amopö/ Enciclopédia dos alimentos yanomami (sanöma): cogumelos*. São Paulo: Instituto Socioambiental, 2016.

Valdely Ferreira Kinupp & Harri Lorenzi, *Plantas alimentícias não convencionais (Panc) no Brasil: guia de identificação, aspectos nutricionais e receitas ilustradas*. Nova Odessa: Instituto Plantarum de Estudos da Flora, 2021.

Dados Internacionais de Catalogação na Publicação (CIP)
Elaborado por Odilio Hilario Moreira Junior – CRB 8/9949

F572c   Rigo, Neide (1961–)
Comida comum / Neide Rigo; organização e posfácio por
    Bianca Barbosa Chizzolini; ilustrações de Andrés
    Sandoval.
    São Paulo: Ubu Editora, 2024. 192 pp.
ISBN 978 85 7126 182 2

1. Nutrição. 2. Alimentação. 3. Urbanismo. 4. Agricultura
familiar. 5. Meio ambiente. 6. Panc I. Chizzolini, Bianca
Barbosa. II. Sandoval, Andrés. III. Título.

2024-2882   CDD 613.2   CDU 613.2

Índice para catálogo sistemático:
1. Nutrição 613.2
2. Nutrição 613.2

UBU EDITORA
Largo do Arouche 161 sobreloja 2
01219 011 São Paulo SP
professor@ubueditora.com.br
ubueditora.com.br
/ubueditora

© Ubu Editora, 2024
© Neide Rigo, 2024

preparação Cássio Yamamura
revisão Cláudia Cantarin
projeto gráfico Elaine Ramos
ilustrações Andrés Sandoval
tratamento de imagem Carlos Mesquita
produção gráfica Marina Ambrasas

equipe ubu
direção Florencia Ferrari
direção de arte Elaine Ramos; Júlia Paccola
    e Nikolas Suguiyama (assistentes)
coordenação geral Isabela Sanches
coordenação de produção Livia Campos
editorial Bibiana Leme e Gabriela Ripper Naigeborin
comercial Luciana Mazolini e Anna Fournier
comunicação / circuito ubu Maria Chiaretti,
    Walmir Lacerda e Seham Furlan
design de comunicação Marco Christini
gestão circuito ubu / site Cinthya Moreira e Vivian T.

papel Pólen bold 70 g/m²
fontes Cy e GT Super Text
impressão Margraf